一碗搞定！
增肌減脂
健身餐
#Mayfitbowl

推薦序

用運動、飲食強化身體與心靈！

可以靠運動與飲食，大幅改變自己形體的女孩，需要的是自律。自律使人自由，改變的不只是外在，而是心靈茁壯！鼓勵大家都跟我與May一起動起來，開始改變你的生活！

中華台北國家隊健美選手・飛創國際講師｜筋肉媽媽

踏出健身和健康飲食的第一步吧！

和May因為同樣喜歡「健」而相識，也一直很喜歡May的手作料理。我們女生總是怕胖、不敢吃，但親身經驗告訴我，吃太少會影響你的訓練效率及效果。想要降低體脂，確實要攝取低於你的TDEE，但不需要餓昏頭。多攝取蛋白質，當肌肉量提高時，也能有助於脂肪的燃燒。

May的食譜非常適合健人們，不僅一碗份量足、能吃飽，豐富的蛋白質和優質脂質也提供運動所需的能量。更適合懶女孩們，50道食譜讓你不用煩惱今天要煮什麼，多種雞肉醃製方法可以天天變換口味，簡單烤一烤、電鍋蒸，很快就能美味端上桌！

May在訓練上的努力一直是我很欣賞的，也很喜歡一起鍛鍊、追求強壯的fitness goal的感覺。健身不只是項運動，更是一種生活理念和態度。在過程中總是會面臨新挑戰，障礙以及種種的不完美。但我想說的是，不要總等到一切都恰到好處，等待那個「最佳完美時機」時才開始做。如果你喜歡健人的精神，現在就踏出第一步，你將會變得越來越強大，越來越精煉，越來越有自信，越來越成功。

台灣健身網紅｜亞藍

當個快樂的吃貨和挑嘴人！

很喜歡May因正面、自信散發的獨特魅力，我們也在健身路上互相勉勵，茁壯成健女人。May的手作料理很簡單，吃高纖維、碳水和優質脂質，一週一兩次Cheat meal（獎勵餐）的飲食理念也和我很相似。雖然仍常常被家人朋友說嘴，我的飲食幹嘛那麼挑？但要能享受美食的前提，不就是要先擁有一個健康的身體嗎？

日常其實許多隨手可得的食物，營養素含量都很高，自己動手料理，更是控制卡路里、省錢的好方法。很多人會因為在減肥中，而特別畏懼攝取脂肪，但其實好的脂質能夠促進新陳代謝、平衡賀爾蒙，及降低你對食物的慾望，來達到減重效果。

用高纖、高蛋白和優質脂肪構成的一碗料理，讓健身中的人能更有效的提升肌肉量，也在習慣留意自己吃進什麼食物的同時，變得更健康！期待每個人都能和我與May一起，在健身過程中享受快樂，在控制飲食之餘感受體態的進步。

自由教練｜Candice

又美又能實現理想體態的Mayfitbowl，推薦！

May是我少數在IG上有Follow的健女人。一開始追蹤她，是覺得她做的餐點很符合我的胃口，然後擺盤拍照出來的照片看了很舒壓，本人的照片也是又美又充滿自信。

「飲食」一直是大家容易忽略的一個重點，導致越來越多人在這充滿著高碳、高油、低蛋白的環境下變成胖子。而May的料理主要皆是以低醣餐、高蛋白、好脂肪為主，這種飲食方式非常適合想要減脂，卻不容易吃飽；及增肌卻又易胖的人。我相信照著Mayfitbowl餐點吃下去，不但可以獲得更好的身材，也能變得更健康。

營養健身葛格｜Peeta

推薦序

很開心看見May 在健身路上的成長與努力！

I met May in 2016. I was searching through Instagram looking for someone sincere to help me with one of my other company' s projects. I came across her profile and noticed the pretty amazing looking food this girl was posting. As a coach, I took an interest and realised that these 'fit bowls' not only looked awesome, but they were healthy and nutritious too. My kind of food and perfect for those wanting to get in shape. Nutrition is equally, if not more important than exercise, when training for fat loss or muscle gain. These bowls contain the perfect amount of protein to promote muscle repair and growth, and the right amount of carbs and healthy fats to give the body all the fuel it needs. I was impressed and made contact.

Fast forward 2 years and it' s clear that not only does May have a talent for cooking delicious dishes (I have tried them my self), but also an unrivalled passion and determination in the gym and for all things fitness. I coach her every week at the gym, providing more and more challenging workouts each time. She always rises to the task and pushes through every single one with 100% effort each and every time.

2 years ago, the girl I met was young and skinny, but eager to learn. She has now grown into a heavy lifting, curvy beast of a woman. By far one of the most focused and hard-working students I have ever had the pleasure of coaching. I'm very happy to have been with her and helped through her fitness journey over the last 2 years, and look forward to many more. Good work!

和May是在2016年相識的。當時我正在Instagram上尋找能協助我另一個公司專案的適切人選，而May的個人檔案及一張張令人驚艷的食物照吸引了我。

身為一個健身教練，這些名為Mayfitbowl的料理讓我非常感興趣，因為它們不僅好看，也很健康、含有豐富的營養素，非常適合那些想要雕塑體態的人。毋論你從事重訓的目的是減肥或增肌，「飲食」和運動的重要程度其實是相同的。Mayfitbowl含有適量的碳水化合物、健康的脂肪，及足夠的蛋白質，能促進肌肉修復和生長。這令我印象深刻，並主動與創作者May取得了聯繫。

認識May這2年來，發現這位女孩不僅有烹飪的天賦（我自己嘗試過她的食譜，真的很美味），而且對健身還有無比的熱情和決心。我每週都會為她上一次教練課，每堂鍛鍊課程也都越來越有挑戰性。但她總是能夠100%完成任務，並且竭盡所有的努力。

初次遇見的May，是稚嫩且纖瘦的女孩，但非常渴望學習健身。而現在的她，已經成為強壯、有曲線的女人了。時至今日，也仍是我最有目標、最勤奮的學生之一。我很榮幸能參與並幫助她完成過去兩年的健身之旅，也期待未來能一起有更多的努力。做得好！

CAB Fitness TW教練｜Matt

CONTENT

【實作篇1】

把無聊乏味的健康食材變可口吧！我的一碗料理

雞肉料理

牛肉料理

豬肉料理

【實作篇2】

吃貨暴走超滿足邪惡餐！獨創西式料理＆甜點

西式料理

營養甜點

營養師序

想增肌減肥的人有

講到減肥飲食，總是讓人覺得「不美味、無油乾澀、食之無味」，然而當我翻開雨涵這本書的時候，除了被她美麗健康的身型吸引外，書中一碗碗繽紛的Mayfitbowl，頓時讓我覺得：哇！想減脂增肌的人有福了～

雨涵自己的增肌減脂經歷，並不是由一個大胖子開始的，而是從泡芙族的一員開始，這也是現代女性的縮影。**很多來我門診減重的年輕女性都是泡芙族，她們的BMI都在正常範圍，四肢瘦瘦，但卻有胖胖的下垂的小肚肚。僅20初頭的年紀，體脂肪量卻高達40%，甚至有些還有低密度膽固醇或三酸甘油脂偏高的情況。**一問之下，才知道原來她們平日飲食多以甜點當正餐，含糖飲料當下午茶，在這種情況下，如果馬上開始戒糖，可以迅速讓體脂肪下降，生化數據亦能改善。但有些過度積極減重的人，為了想最快達到效果，開始完全不吃油，只吃燙青菜，這樣不僅飲食淡而無味，而且還會破壞身體正常的新陳代謝速率。

人天生就有保護自我的機制，當熱量不夠時，會先將熱量消耗在保護人的主要器官（例如心、肺，因為一定要運作，否則會影響生命安全），導致腸胃、生殖器官等後備器官運作所需的熱量不足，雖可繼續運作且不影響生命安全，但會開始出現腸胃蠕動變慢、便秘等情形，甚至月經不來或異常。平常每個月見月經來嫌煩，一旦月經不來，也會變得非常麻煩，而且就算復胖都不一定能規律地來。

因此提醒大家，**減肥並不是只需「熱量攝取減少」就可以成功，食物中的蛋白質與油脂其實扮演了非常重要的角色**，它們能啟動我們的美麗基因，讓我們肌膚不乾不澀，維持我們身型不垂不墜，簡單來說，減重不是只有吃青菜而已！

當拿到這本書時，我想，一般人可先從減脂開始會比增肌容易。但不論是減脂還是增肌，一日所需的熱量皆可由第25頁的公式計算出來，然後再根據每日所需熱量和每道食譜的營養素數值，自行分配到三餐之中。如果覺得某幾道料理的分量過多吃不下的話，也可以分成兩餐吃。

福了，減肥之路也是老饕饗宴！

基本上，本書每一碗料理都提供了均衡健康的餐點組合。建議也可單純先從食譜中的熱量加總開始，挑出你愛吃的料理，**建議也要逐步提升活動量，減少久坐時間，每日至少要開始逐步走路到7500步**。久坐不動的朋友，身體連基本的肌力都不夠，若冒然去健身房運動，往往可能有運動傷害。因此建議先從增加活動量開始，走路量增加後，會有一定的肌耐力，那時再開始從事各項運動。

當運動強度逐漸增加，體脂肪與體重明顯開始下降到你的目標後，熱量的攝取就可以由減重的熱量慢慢調升到增肌的熱量。因為肌肉可以消耗更多的熱量，製造肌肉也需有足夠的熱量。**同時，增肌與水分的攝取是正相關的，肌肉量高的人，相對體內的含水量也高，所以每公斤體重需要喝到30～40cc的水分，其中一半需要是白開水，另一半可來自於無糖的茶、咖啡等**。

採買、做菜對現代人而言可說是一件辛苦的事，本書的一項優點就是不僅教我們如何做出一道道美味可口的健康料理，也告訴我們可以買什麼、吃什麼會更健康、對增肌減脂更有幫助！尤其本書將彩虹食物的顏色都包含在內，每種食物其顏色不同，就是因為所含的營養素不同。當然，如果不是營養師，可能記不得每種營養素的功能，或忘了是在哪些食物中出現，但請記得一件事，就是：**每日攝取五種不同顏色的食材，這樣就能讓我們減重不傷身，吃進保護力**。祝福每個人都能瘦得凹凸有緻！

榮新診所營養師｜李婉萍

李婉萍

作者序

想要好身材，又不

這本書是精選自2016年開始在社群網站Instagram（後以IG統稱）發表的食譜，也包含一些未曾發表的新開發作品。當初最純粹的分享，竟然成為許多年輕女孩的參考與學習對象，讓我感到非常幸運、感恩，也很高興我的經驗能獲得如此大的共鳴。

大家都知道，**健身與飲食的關聯密不可分，如果沒有改變舊有飲食的決心，沒有意識到自己吃進了什麼，往往是讓體態陷入停滯的元兇，這是我在健身路上一路走來深切體會到的。**

然而，明明是以「健身」作為起點，這本書的主軸卻圍繞在「美食」上。這兩者是相互矛盾的嗎？「好身材」與「美食」是衝突對立的嗎？

這也是我一開始接觸健身的疑問。身為一大吃貨，我始終不願意屈就於難吃的水煮餐，也不願挨餓減肥，因此，「要如何把乏味的、一成不變的食物變好吃？」「如何在享受美食的同時，又能達到理想體態？」成為每天占據我腦中的問題，而這也正是「Mayfitbowl」（一碗料理）成立的初衷。

「Mayfitbowl」因健身而開始，並逐漸發展成我生活的重心所在。**我所設計的每一碗Mayfitbowl都有獨特的故事，由不同的視覺與味覺經驗交會而成，**義式、日式、泰式、法式、中式……多變化的菜單，**不只滿足味蕾，也讓我在健身路上的每一天都充滿期待與活力！**

這本書就是寫給想要好好健身，但又愛吃的你。其實，健身和愛吃兩者並不衝突，只是需要找出一個平衡點。除了認真鍛鍊外，建議習慣意識到每天吃進了什麼？外食可以好好享受，偶爾放縱大吃也OK，但要記得回到軌道。**養成能夠長期實踐的「健人思維」，**不僅是追求外表，也是愛自己身體的生活態度。

在此，我想特別感謝台灣廣廈出版社的團隊給我這個機會，讓我能把「摸不到」的點子，變成一本有重量的實體書。對我來說，不僅是IG經營上，也是我人

願放棄美食，其實很簡單！

生中很重要的里程碑，能在一畢業就出書，是許多人可遇不可求的夢想。

當然，能有現在的我，也是因為粉絲們的支持，在現實生活中，我們互不相識，但每一則留言、每一個溫暖的鼓勵都讓我意識到：這個世界的每個角落，有很多正在默默努力、認真生活的人們，也激勵著我繼續前行！

最後，我要感謝我的媽媽、我的爸爸、在美國的哥哥和姊姊，和愛我的朋友們。尤其是媽媽，雖然不太懂IG是什麼玩意，卻永遠無條件地支持我、愛我，我今日的成就都要歸功於我的母親和辛苦工作的爸爸，我愛你們！

劉雨涵

May

前言

Mayfitbowl的源起——我為何踏上健身飲食這條路

從體脂高的泡芙人到人氣健身女孩，
關於我身體與心靈的蛻變

前言

3年，讓我從瘦胖子變成精實

955
貼文

8.3萬
粉絲人數

820
追蹤中

傳送訊息

May Liu

Taipei/NTU/22y/food&fitness lover/health enthusiast
熱愛健身、熱愛美食、堅持手作料理的吃貨/正在追求健康的飲食&運動生活

May的健人旅程START

2015年，發現原來我是體脂30%的泡芙女孩！開始拚命做有氧運動的減肥計劃。

2016年，發現體脂竟只下降1%，受到打擊，決定從「飲食調整」改變身型。展開餐餐吃草、只能7分飽、崇尚歐美Clean Eating（輕食）的風氣。

在1個月內體脂驚人地下降7%，體重掉了4.5kg，瘦到夢寐以求的47kg！但因為長期壓抑食慾，心情低落、月經紊亂，也常陷入暴飲暴食與不斷譴責自己的惡性循環中。

2017年，意識到除了「瘦」，更重要的是身心平衡。飲食維持高纖，但也大量補充蛋白質，注意熱量攝取並選擇健康食材、為自己備餐。雖然體重上升，但代謝變好，身體也更有曲線！

體型，好划算！

原來我的體脂高達30% ！內臟脂肪遠超過正常值

關於我的增肌減脂故事是如何開始的？要從2015年踏入健身界開始說起。

當時的我，是51kg的標準體重，而且也沒有運動習慣、沒有特別注重飲食。從小到大，我並不算真的胖過，但身材也不算是那種特別吸引目光的，就只是一個四肢細、但肚子大大、很平凡的泡芙女孩。幾乎天天喝手搖杯，愛吃什麼就吃什麼。而當初會去健身房，也只是抱持著跟風的心態，跟其他女生一樣，想要變瘦、變漂亮，說不上有什麼強烈的目標。

但沒想到不去還好，一去才發現：**原來我的體脂竟然高達30% ！這個代表內臟脂肪過高的驚人數據**，對一個少女而言是多大的打擊！也因為這樣，我下定決心非練出理想中的體態不可。只是，距離理想必定還有一大段路要走，不可能這麼簡單就能達成。也正是在此契機之下，我正式成為健身房會員，開啟我的健身旅程。

一開始，我就像一般女孩一樣，腦中只想著「瘦」，不停地跑步、做大量的腹肌訓練。然而，因為沒有特別注意飲食，訓練了一陣子後，我的身材並沒有明顯的進步。睽違半年多，滿心盼望地量體脂，結果出來是29%，竟然只有比最初下降1% ！內心大感失望的我，甚至為此崩潰大哭。

但我的個性不服輸，與其說是對目標的追求，不如說是不願就此放棄的執著與不甘心，驅使我不斷前進。

深切檢討後，我發現錯誤的飲食方式應是最大元兇，於是我開始動手為自己做健身料理，並戒除愛吃甜食和加工食品的壞習慣，希望能在飲食與健身的相互搭配下，達到夢想的苗條曲線。

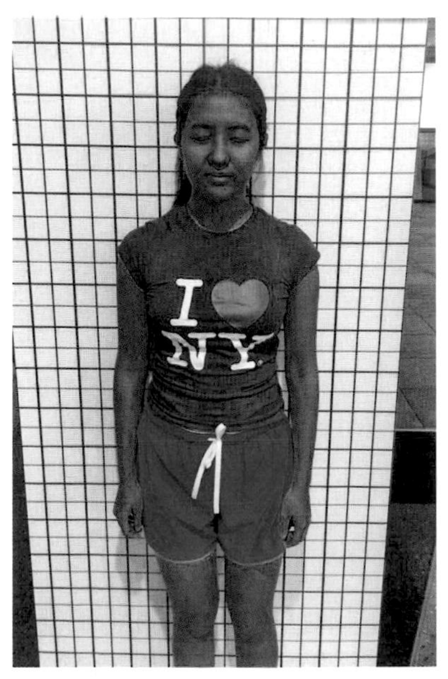

▲ 2015年未健身前，不過是個身材普通的泡芙女孩。

2016年

吃少動多！下定決心減肥的速瘦時期

減肥初期：餐餐只吃七分飽，拚命做有氧運動

決定調整飲食後，問題來了：一個完全不懂做菜的料理白痴，究竟要怎麼開始？我還記得，在不斷努力嘗試後，親手做出的第一道料理是酪梨醬加水波蛋，雖然是再簡單不過的東西，但美好的滋味令我難忘，也從此愛上手作料理！每一天，我都思考著如何把難吃乏味的食物變得美味，這也讓我找到持續創作的動力來源。

我特別喜歡瀏覽IG上色彩繽紛的美食照，歐美風格的食譜給了我很多創作靈感，因此在**2016年，我在IG上建立了一個以美食和健身為主的帳號「may8572fit」，記錄我的瘦身旅程和健康料理**，並向大眾提倡健康飲食的觀念，意外獲得不少人的關注與共鳴。

當時的我，崇尚Clean Eating（輕食）風氣，每天吃小分量沙拉，並呼籲餐餐七分飽的小鳥胃觀念，搭配每天30～40分鐘的有氧運動和徒手訓練，很快地，我在一個月內體脂驚人降了7%、體重掉了4.5kg，瘦到人生中最低的47kg。

和體重、體脂一起減掉的健康和快樂

47kg，每個女孩夢想的體重數字，我的努力終於有所回報！看著消下去的肚子，我感到非常滿意，然而卻沒發現，這種快速瘦身的方式，竟然會讓身心靈付出慘痛的代價。

我流失掉了好不容易練出來的肌肉，而且因為長期壓抑食慾，心情容易低落，一度陷入暴飲暴食與不斷譴責自己的惡性循環中。更甚者，我的月經不來，紊亂了大概將近半年。

這時我才意識到：避免油脂、時常挨餓的飲食方式，縱使對瘦身有顯著效果，卻無法長久進行、且逐漸使人不快樂。

▲ 快速瘦身的效果雖然驚人，卻無法長久維持下去。

創造美味又能吃出好看體態的一碗料理，蛻變成全新的自己

認真健身、尋找平衡健康與美味的飲食法

於是，除了「瘦」之外，**我開始尋求能使身心平衡的「Fitness Lifestyle」**。第一步就是天天為自己備餐，但不再像之前一樣只吃地瓜或沙拉，飲食內容著重蛋白質的攝取，除了大量的雞肉、魚肉、蔬果，也會吃牛肉、豬肉，再加入酪梨、堅果等優質油脂，還有地瓜、馬鈴薯、燕麥等天然澱粉，**利用均衡的食材和簡單卻好吃的調味，打造出符合健身需求、又能吃得開心的「Mayfitbowl」**。此外，週末也會放鬆享受與家人朋友的聚餐，讓自己過得充實且滿足。

除了飲食外，在課業之餘我一週規律上健身房3～5次。也是從這個時期開始，非常投入於健身，並發現自己的不足。2017後半年，我在外國專業教練的帶領下，努力挑戰自己訓練的極限，心態上也更加積極，體能表現因而有很大的突破！（可做到深蹲＆硬舉80kg，引體向上6下）

變成大隻女只是過渡期，撐過就對了！

訓練量大增，我的食慾也大增，特別是冬天，我常常吃超過每天需要的總熱量，慢慢增肌增重至54kg，身材也變得更有曲線。但這對從47kg至54kg的我而言，需要很大的心態調適。我開始懷疑自己：為什麼要這麼努力？以前瘦瘦的不就很好，為什麼要花那麼多心力把自己練壯、練大隻？

「我正在正確的路上嗎？」「現在的方式會引導我變成一開始想要的樣子嗎？」每天我都在不停地與自己對話。儘管內心充滿徬徨與不安，**但每當看到喜歡的歐美部落客分享健身或體態，總讓我心生嚮往，也不斷告訴自己，還有很多進步空間，要愛自己選擇的，堅持下去就對了！**鍛鍊肌肉需要長期的毅力與熱忱，每隔一段時間回頭看以前的照片，就會發現自己的勇氣與成長。

▲ 勇於挑戰自己的極限，身材漸漸變得有曲線，心靈也比以前充實。

收割健身和飲食的成果
維持強壯的生活態度

成為健身網紅，找回自信的自己

2018年，我會稱為努力3年的回饋期。

從泡芙人、竹竿女，到腫壯女，2018年的我，我會說是處在最強壯、最有自信、最不在意他人言語的身心狀態。飲食上，也不再壓抑並走向多樣化。這一年很多人說我的體態變好看許多，但對我而言，並沒有做太多改變，我照樣保持我的訓練模式，一週2次練腿、2次上半身訓練，偶爾早起做有氧／間歇30分鐘，飲食上吃自己手作的高蛋白、高纖的Mayfitbowl，晚上享受與家人、朋友的聚餐。藉由飲食的調整和肌力訓練，體重雖然慢慢回升至現在的52kg，但身體卻越來越緊實、有曲線，也慢慢找回健康自信的自己。現在甚至有了出書的機會，可以和更多人分享我精心創造的健身料理。

看似懷抱著瘦身的目標出發，繞了3年又回到跟當初差不多的體重，但是我的身心靈卻因健身有了巨大的改變。健身帶給我心智與體態上的磨鍊，以及一輩子的健康飲食觀念，這些不是用數字可以衡量的。

現在太多女孩只一味追求瘦，卻不知道快速減重會導致基礎代謝下降，結果復胖更快，而且沒有肌肉的體型，瘦下來也不會好看。相較於瘦身，體態的鍛鍊是以「年」作為基本單位，需要無限的耐心、毅力、熱忱，**將它實踐成一種能長期維持的生活方式，並當作一生的信仰，如此才能永保強健的體魄和愉快的心情**。這也是我在IG一直想要傳遞給大家的理念。

▲ 體態不再乾癟，也更勇於展現自己的身材。

再次，我想謝謝這一路走來大家對Mayfitbowl的支持與喜愛。一碗碗美麗的Mayfitbowl，是以一個又懶、又想要好身材、又不願放棄美食的愛吃鬼立場出發，沒有太複雜、花俏的烹飪技巧，只有對簡單、美味、健康食物的堅持，非常適合身為料理新手的你。

▲ 現在的我，因積極健身和健康飲食，找回當初那個自信的自己！

PART 1【觀念篇】

讓三餐成為增肌減脂的助力！

我的健身飲食理念

估算熱量、補充足夠營養素，
學會量身打造自己的飲食計畫

增肌減脂，從飲食控制開始

無論是想「增肌」或「減脂」，除了平時要養成運動習慣，最重要的是：了解「飲食控制」對於增肌減脂的重要性。本章我將教大家如何實際操作，包括估算一日所需熱量、掌握營養素攝取比例，以及提供可選擇的建議食材，讓你吃得正確、健康，又能達到理想的效果！

估算一日所需熱量

無法忍受挨餓的我，每天正常吃三餐，健身前、後會另做補充。但重點是要留意一日總熱量的攝取。雖然我沒有精算每餐卡路里（上磅秤）的習慣，不過對於吃進的每一口東西都有一定的意識：吃大量蛋白質、蔬果纖維，適量醣類（依階段目標調整）、優質脂肪，並盡量避免過度加工食品，就是我的原則。

如果你是從體重較輕的狀態開始增肌，可以毫不客氣地吃，不需太計較卡路里。然而，如果你有決心要減肥或減脂，限制一日卡路里量是必須的。

關於一日所需的熱量，以我為例：在訓練日尤其是練腿日，通常會吃到2000～2200大卡，且在訓練後多補充醣類，因為重訓會消耗較多熱量，下半身更需要能量補充。非訓練日／有氧日我會控制醣類的攝取，讓熱量大概攝取1500～1600大卡。當然數字是死的，如果當天動多了（以有氧量而言，如跑步、飛輪）就可以多吃一點。少動，就少吃一點！

看到這邊，不少人會有疑問，**增肌減脂到底能不能同時進行？答案是可以的。**尤其**對健身新手而言，肌肉增長幅度最快**。一開始接觸身體不習慣的動作時，身體會利用身上多餘脂肪作為活動能量來源，此為體脂高者的新手蜜月期。然而，如果你是從瘦子體態開始訓練，可能會感覺到體重上升、身形變粗壯，這都是很正常的情形，肌肉量上升不可避免的會伴隨脂肪上升，所以才需要減脂，而主要透過攝取熱量低於每日總消耗量達到（飲食控制＆多做有氧）。

依我個人的話，沒有非常明確地分增肌／減脂期。依前文所述，我是從最瘦（47kg）的時期慢慢增上來的（52kg），一週3～5次重訓、1～2次有氧。若感覺到脂肪上升時，我就會特別控制飲食，增加有氧比例加速燃脂，所以長期下來，我體重增加的5kg都是肌肉，基礎代謝率從不到1100大卡上升至1300多大卡。

總之，如果有想要增肌或減脂的決心，就要估算你一日卡路里的量。**減脂的首要原則，就是一日消耗熱量要大於一日攝取熱量；增肌的話，一日消耗熱量則要小於一日攝取熱量**。唯有耐心鍛鍊肌肉，提高基礎代謝率，才能養成易瘦體質。接下來就為大家介紹，如何計算自己一日所需的熱量。

3步驟立刻算出你的一日所需熱量

STEP 1 算出你的基礎代謝率（BMR）

所謂「基礎代謝率」（BMR）是指你在靜息狀態下，每天所消耗的最低能量，也就是滿足基本生存所需的代謝率，包括維持呼吸、心跳、血液循環、體溫等生理活動所需的熱量。基礎代謝率會隨著年齡增加或體重減輕而降低，可利用美國運動醫學協會提供的公式計算（建議可用體脂計測量，會更準確）：

- **BMR（男）＝（13.7× 體重（kg））＋（5.0× 身高（cm））－（6.8× 年齡）＋66**
- **BMR（女）＝（ 9.6 × 體重（kg））＋（1.8× 身高（cm））－（4.7× 年齡）＋655**

舉例 一名上班族女性，年齡30歲、體重50kg、身高160cm，她的基礎代謝率為：（9.6×50）＋（1.8×160）－（4.7×30）＋655＝1282（卡）

STEP 2 估算每日總消耗熱量（TDEE）

每日總共會消耗的熱量，又稱為TDEE（Total Daily Energy Expenditure），計算方式為將基礎代謝率乘以活動係數。以下是活動係數的參考：

- **久坐（辦公室工作類型、沒有運動） → ×1.2**
- **輕度活動量（每週輕鬆運動1～3日 ） → ×1.3**
- **中度活動量（每週中等強度運動3～5日） → ×1.55**
- **高度活動量（活動型工作型態5～7日） → ×1.725**

STEP 3 訂立增肌或減脂目標，調整攝取熱量

- **如果目標是增肌 → 熱量建議攝取超過TDEE的5%～10%。**
- **如果目標是減脂 → 熱量建議攝取低於TDEE的10%～20%。**
- **如果希望維持原本身材 → 熱量建議攝取等同TDEE的量。**

舉例 我的基礎代謝率為1300大卡，也就是我躺著呼吸肌肉會自動幫我燃燒的熱量，再乘上活動係數1.55倍（我的運動頻率為一週3～5天），為2015大卡，即是我的TDEE。若我的目標是增肌，則需攝取2115～2217大卡的熱量；若目標是減脂，則將每日攝取熱量減至1612～1814卡。

Mayfitbowl的餐盤設計重點

Mayfitbowl是以我的May取名，加上fitbowl（健康碗）構成May的招牌健身碗！它源於我的健身旅程，及秉持著吃美味食物的吃貨熱忱，讓料理兼具口感及視覺上的色彩鮮豔；烹調快速簡易且營養均衡，是最大的特徵。

重點①攝取均衡營養、控制熱量

「Mayfitbowl」是我為自己設計的健身餐所創的名字。每一碗Mayfitbowl除了滿足健身者需要的營養外，還要達到好吃、豐盛，而且做起來簡單的目標。

一般營養素主要分成蛋白質、醣類、脂質、維生素和礦物質，除了均衡補充的方式，也可以依照需求改變飲食內容、調節比例。**我的Mayfitbowl，便是利用調整「蛋白質、醣類、脂質」攝取量，來達到「增肌減脂」的功效。**

在我的mayfitbowl，每一碗都富含蛋白質和纖維，**無論目標是增肌或減脂，都建議吃到足夠蛋白質（體重X1.5～2.2倍公克）的量。**蛋白質的好處非常多，除了幫助修補肌肉組織、提高代謝，作為3大營養素之一，它能提供熱量、調節重要生理機能、有效穩定血糖。現代人飲食習慣走向精緻化，尤其台灣人喜愛吃高油、高鹽、高澱粉的食物，導致蛋白質攝取不足，長期下來，就養成瘦胖子的泡芙人體態。藉由動手備健身餐，能改善飲食營養不均衡的問題。

至於醣類，或稱碳水化合物，常見食物如各種蔬菜、麵飯類和水果。主要分為糖類、澱粉和膳食纖維。前兩種可被人體消化，是熱量的重要來源，膳食纖維雖無法被人體吸收，卻可增加飽足感、促進腸胃蠕動。**碳水的量可依照增肌或減脂目標調整，目標在減脂的人，建議減少碳水的量，將碳水集中於訓練前後。目標在增肌的人，可增加碳水與總卡路里攝取量，補充修補肌肉組織的需要熱量。**

油脂類，同樣是不可忽視的三大營養素之一，它是構成身體細胞的重要成分，也維持神經系統正常運轉。**建議可多攝取好的脂肪，如橄欖油、酪梨、堅果油，**不僅能減少心血管疾病，還能為人體提供多種有益的維生素，維持器官組織有效運作。

總結而言，欲達成體態目標，一定要對營養素有初步的概念，才能逐步達成增肌減脂的成果。依據前述的熱量算法，我們可以訂立自己的一日卡路里，並在下面內文中，學習依照設定的營養素，設計屬於自己的健人菜單。

重點②營養素的攝取比例要正確

首先，我們必須知道3大營養素分別能提供的熱量。蛋白質和醣類都是每g提供4大卡，脂肪每g提供9大卡。而依據Mayfitbowl的設計，每人每天的營養素攝取量是：總熱量的30～40%為蛋白質、40～50%為醣類、20～30%為優質脂肪。假設A小姐確立自己一天要攝取2000大卡，那麼她應該透過蛋白質補充的熱量就是：（2000大卡×30%）÷4大卡（蛋白質單位熱量）=150g。若A小姐今天三餐都吃健身碗，則每碗平均需有150g÷3=50g的蛋白質。下面也以平均分配營養素於三餐的方式作示範：

這道「蒜味雞胸佐涼拌蔬菜絲」（第68～69頁），包括蛋白質47g（雞胸肉、蛋）、碳水化合物74g（黑木耳、小黃瓜、糙米飯）、脂質（橄欖油、蛋黃）15g，是一碗營養滿分的Mayfitbowl！

想減肥或增肌，你應該吃什麼？

前面提到我的每日營養素分配，以蛋白質和穀類、纖維等醣類為主，搭配優質脂肪。現在就來為大家介紹，有哪些食材含有這3大營養素，且營養含量高、熱量低，可以安心放進你的餐盤裡。我選擇食材的大原則就是：接近原型的天然食品可以選，避免重油、重鹹、調味過度的食品及人為加工產品。

✓ 長肌肉的蛋白質吃這些！ ※數值為該食材每100g的蛋白質含量。

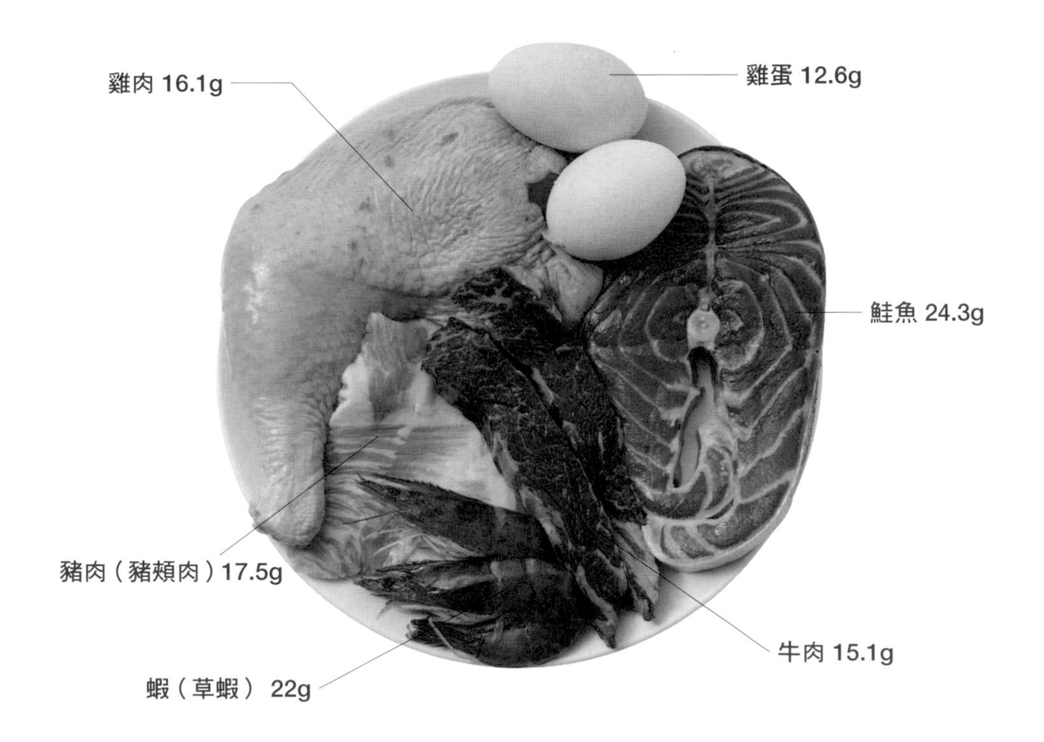

✖ 這些蛋白質不要碰！

像火腿、熱狗、培根、香腸這些精緻肉品，添加物多，且通常都含有防腐劑，不建議食用；此外像是雞肉，雖本身擁有良好的蛋白質，但經油炸就會產生「飽和脂肪」，熱量很高，且影響身體健康，不建議太常吃。

✓ 補充能量的醣類在這裡！

※數值為該食材每100g的醣類（不含膳食纖維）的含量。

✖ 危險的醣類要注意！

醣類是提供身體能量的重要來源，但我們經常吃錯，而且還吃了很多！事實上，許多醣類都經過多重加工程序，例如白米、白麵包、白麵條、披薩、蛋糕、精緻餅乾等，吃了會讓血糖快速升降，導致體重增加。此外像是精緻糕點、手搖杯飲品等高糖分的食品也應盡量減少，總之，最好還是多吃富含纖維、少加糖的天然食物，對增肌或減重都比較有幫助。

✓ 吃不胖的纖維這樣選！

※數值為該食材每100g的纖維含量。

✖ 攝取纖維要適量！

纖維的好處非常多，不只能夠解便秘，還有助於降低膽固醇、控制血糖、減重，也是腸道益生菌的來源，可說是沒什麼缺點的營養素！唯一需留意的是，纖維容易有飽足感，吃太多可能造成其他食物攝取量不足，導致營養不均衡，且纖維過量可能引起腹瀉，反而將吃進的營養素排出體外。此外，有胃部或腸道疾病的人，也不建議吃太多，適量補充即可。

✓ 好的油脂有哪些？

※數值為該食材每100g的脂肪含量。

✖ 當心壞脂肪找上你！

脂肪對人體的重要性並不亞於蛋白質，但如果攝取過多，不僅會使人發胖，還會造成身體的重大負擔！尤其要避免鹽酥雞、薯條等油炸物，或糕餅、洋芋片、人造奶油等食品，這些食品所含的「反式脂肪」，會提高罹患冠狀動脈心臟病的機率，也可能造成高血脂、脂肪肝，不可不慎！

3大營養素的攝取建議

我的飲食法主要是以高蛋白、高纖為主，每餐的熱量提供會有30～40%來自蛋白質；40～50%來自醣類；20～30%為優質脂肪。若是想要增肌，建議你的熱量來源比例為：蛋白質20～30%、醣類50%、油脂20%；若想減脂比例可以是：蛋白質30～40%、醣類30%、油脂30%。以下再介紹一日3大營養素需攝取多少：

1. 蛋白質：增肌20～30%；減脂30～40%

許多人想減肥或有健身成效，卻只拼命運動而忽略了飲食上蛋白質的重要性。蛋白質是合成肌肉的能量來源，可抑制促進脂肪形成的荷爾蒙分泌，減少贅肉產生。因此不論你的目標是增肌或減脂，都需注意蛋白質的攝取量，若攝取不足，不僅肌肉無法生成，原有的肌肉也會漸漸流失。

建議補充蛋白質時可以平均分配於每一餐，**每餐大概抓30g以上的蛋白質，有運動習慣者，每日攝取自己體重×1.6～2.2倍（公克）的蛋白質量是最好的。食材上以天然食物為主。**含有植物性蛋白質的食物有黃豆、毛豆、黑豆等，動物性蛋白質則如牛肉、豬肉、魚肉等。

2. 醣類：增肌50～60%；減脂30～40%

近幾年來低醣飲食盛行，「醣類」一詞讓減重者避之惟恐不及！但你知道嗎？醣類也有分好的醣類（複合醣類）和壞的醣類（單一醣類）。複合醣類即是由多個醣類分子組成，需長時間吸收，有助血糖穩定。雖然含果糖及葡萄糖，但也含多種維生素、礦物質和膳食纖維，有助減慢食物中糖分的消化和吸收，如：地瓜、馬鈴薯、糙米、燕麥，可多攝取。單一醣類則是會馬上進入人體，快速提升能量，但通常含糖量高、纖維少，被形容為壞的醣類。如：白米、蛋糕、甜點、汽水等，應減少攝取，以避免體脂形成。

在醣類的攝取上，我參考「碳水循環法」，這是科學證明能幫助增肌減脂的飲食法。簡單來說，就是在**有做重訓等高強度運動的日子，攝取高碳，做有氧或沒運動的當天採取低碳。**針對想減脂者，也建議減少醣類的攝取。

3. 脂肪：增肌20～30%；減脂20～30%

脂肪是重要的三大營養素之一，在人體的生理作用中發揮很大的作用，主要分為飽和脂肪、不飽和脂肪和反式脂肪。**優質脂肪為不飽和脂肪酸，如：杏仁、核桃、堅果油、酪梨油、深海魚油等，能降低心血管疾病的罹患風險。**含有飽和脂肪的食物，如：牛、豬、雞、奶類食品等，過量會增加人體內「低密度脂蛋白膽固醇」(LDL-C),使罹患心血管疾病的機率提高;選用瘦肉、適量奶類食品等,則能減低其含量。主要應該避免市售加工食品的反式脂肪,如烘焙、油炸食品,吃過量會增加罹患心血管疾病風險,應避免攝取。

常見食材營養成分表

※所列數值單位均為每100 g可食部分之含量。

食物種類	熱量(kcal)	蛋白質(g)	脂肪(g)	醣類(g)	膳食纖維(g)
穀物類					
全麥土司	292	10.0	6.1	49.2	4.2
糙米飯	355	7.8	2.3	74.0	3.3
燕米	389	16.9	6.9	66.3	10.6
白飯	183	3.1	0.3	41.0	0.6
玉米罐頭	174	3.1	8.2	22.5	3.1
澱粉類					
馬鈴薯	77	2.6	0.2	15.8	1.3
地瓜	121	1.3	0.2	27.8	2.5
魚貝類					
鮭魚	221	20	15	0	0
蝦	100	22	1	1	0
鯖魚	417	14	39	0	0
花枝	57	12	1	4	0
肉類					
雞腿	157	18.5	8.7	0	0
雞胸	104	19.3	15.1	0	0
牛小排	325	15.1	28.9	0	0
牛肉片	250	19.1	18.7	0	0
牛肋條	225	18.6	16.1	1.1	0
豬頰肉	182	17.5	11.9	1.4	0
蔬菜類					
紫洋蔥	32	0.9	0.1	7.3	1.5
紅椒	33	0.8	0.5	7.1	1.6
黃椒	28	0.8	0.3	6	1.9
綠櫛瓜	13	2.2	0	1.8	0.9
小黃瓜	13	0.9	0.2	2.4	1.3

食物種類	熱量(kcal)	蛋白質(g)	脂肪(g)	醣類(g)	膳食纖維(g)
南瓜	74	1.9	0.2	17.3	2.5
蘑菇	25	3	0.2	3.8	1.3
蘆筍	22	2.4	0.2	3.6	1.3
秋葵	36	2.1	0.1	7.5	3.7
玉米筍	31	2.2	0.3	5.8	2.6
青花菜	28	3.7	0.2	4.4	3.1
白菜	14	1.5	0.2	2.2	1.3
高麗菜	23	1.3	0.1	4.8	1.1
菠菜	18	2.2	0.3	2.4	1.9
羽衣甘藍	49	4.3	0.9	9	4
杏鮑菇	41	2.7	0.2	8.3	3.1
毛豆	125	13.8	2.5	13.7	8.7
四季豆	27	1.7	0.1	5	1.9
紅蘿蔔	39	1.1	0.1	8.9	2.6
水果類					
檸檬	33	0.7	0.5	7.3	1.2
香蕉	85	1.5	0.1	22.1	1.6
鳳梨	53	0.7	0.1	13.6	1.1
柳橙	43	0.8	0.1	11	2.1
酪梨	73	1.5	4.8	7.5	3.8
大番茄	19	0.8	0.1	4.1	1
小番茄	33	0.9	0.2	7.3	1.7
蘋果	51	0.2	0.1	13.9	1.3
芒果	54	0.6	0.3	13.8	1
乳品類					
優格	84	4.1	0.5	15.9	0.1
牛奶	63	3	3.6	4.8	0

(以上資料參考衛生福利部「食品營養成分資料庫」網站)

COLUMN 1

一週採買方式 × 我的冰箱常備食材

我一週會去市場（通常去台北濱江傳統市場）採購1～2次，購買往後幾天的食材份量。我喜歡多變化的料理，所以各式蔬菜類和五穀根莖類通常會全部買一輪。

食材的保存我多會分裝冷藏或冷凍，冷凍的會於食用前一天取至冰箱冷藏，或是烹調當天早晨拿出來於室溫下退冰。

肉類和魚類我會在料理的前一天先醃製好，並放入冷藏，或是在食用當天的早晨醃製。肉類加上醃料後，不要在室溫下放超過半小時，要記得以保鮮膜包起來冷藏。醃製效果以一夜、數小時為佳，沒時間的話，10～20分鐘也行！

健康穀物如藜麥、奇亞籽、穀物麥片，我會在進口超市或有機超市購買。「藜麥」分為黃藜、紅藜，市面上有販售單一種或混搭的組合包，我個人比較喜歡混搭的。另外我推薦「奇亞籽」，其內含的水溶性纖維素具超強吸水性，會在胃部膨脹產生飽足感，減低食量，是歐美國家很風行的減肥聖品。需要特別留心的是「挑選麥片」時，一定要注意糖的含量，有些麥片包裝看似健康，糖份卻高得嚇人，吃多反而容易變胖。

此外，堅果類我個人蠻喜歡在傳統的乾貨行挑選，像是南瓜籽、核桃、杏仁都是很好的蛋白質及優質脂肪來源，價格只有超市的一半，品質也不錯！

非正餐時間如果嘴饞時，我常會吃無糖優格＋水果＋燕麥片，或堅果燕麥棒，水果我會選擇香蕉、蘋果或芭樂，健康又能消減餓意。

▲May的私房健康食品推薦：

1. 三色藜麥（Omas歐嬤德式美食：http://www.oma～de.com/）
2. 燕麥（Omas歐嬤德式美食的「高蛋白元氣燕麥」）
3. 奇亞籽（Runivore：https://www.runivore.com/zh-hant/）

▲ 於濱江市場購買多天份的食材

▲ 偶爾也會去超市選購

PART 2 【實作篇❶】

把無聊乏味的健康食材變可口吧！

我的一碗料理

蛋白質主食、高纖配菜，為了吃得好又能維持身材，
用心創造的Mayfitbowl

※熱量800大卡以上料理，另新增 增肌餐 圖示，有增肌需求的讀者可多加參考。

雞肉料理

雞胸肉是補充蛋白質的增肌聖品。但你煮的雞肉是否容易乾柴、難啃？或是除了水煮和電鍋蒸，實在想不出其他烹調方式？下面料理將讓你看見不一樣的雞肉！巧妙用醃漬、去腥、低溫水煮等方法提升口感，配菜和調味更為美味加分，而且營養素不變、熱量不超標。讓人不禁讚嘆：原來健身、減肥中也能吃這麼好！

雞胸酪梨草莓藜麥沙拉 烤

主角是迷迭香烤雞胸，搭配優質脂肪酪梨和草莓，撒上富含蛋白質和纖維的超級穀物——藜麥，就是一碗色彩繽紛的Mayfitbowl ！

材料

雞胸肉…1片（180g）
藜麥（紅藜＋黃藜）…30g
酪梨…1/2顆
草莓…30g
沙拉葉…80g
雞蛋…1顆
蒜頭…1瓣

〔雞胸肉醃料〕
鹽…1小匙
黑胡椒…1小匙
橄欖油…1小匙
迷迭香…適量

〔調味料〕
橄欖油…適量
黑胡椒…適量
鹽…適量
檸檬…1/8顆

健人*May*說

酪梨雖然是優質脂質，但熱量也不低！我一天最多吃半顆（約160大卡），剩下半顆用保鮮膜包起來冷藏。由於酪梨容易氧化變黑，建議隔天一定要吃完，外表若呈黑色切掉即可。

準備

❶ 雞胸肉以冷水洗淨擦乾後，用鹽、黑胡椒、橄欖油醃製並均勻按摩，再放置冰箱冷藏1～2小時。

❷ 煮藜麥。
- ❶ 將藜麥放在篩網上，以流水清洗2～3次。
- ❷ 洗淨後加水，水位稍微淹過藜麥表面。（藜麥：水約1:1.1）
- ❸ 電鍋外鍋加一碗水，放入電鍋蒸到開關跳起（約40分鐘）。
- ❹ 再燜10分鐘後，取出放涼。

❸ 烤箱預熱至180～220℃。

❹ 酪梨切半剖開後去皮及籽，再切成片。

❺ 沙拉葉洗淨；草莓洗淨、去蒂對半切；蒜頭切末。

作法

❶ 將醃製過的雞胸肉放在烤盤上，在表面撒上迷迭香，送進烤箱，以180～200℃烤20分鐘左右，稍放涼切薄片。

❷ 煮半熟蛋：取一鍋水，放入蛋後開大火，計時約7分鐘關火，再泡1分鐘後取出沖冷水，待冷卻剝殼切半。

❸ 蒜末、橄欖油、黑胡椒、鹽和檸檬汁，調製成檸香橄欖油醬，拌入煮熟放涼的藜麥中。

❹ 在碗裡放入沙拉葉，擺上切片的雞胸肉、酪梨片與草莓，淋上作法❸的藜麥醬，再放上新鮮迷迭香擺盤即完成！

雞腿南瓜堅果沙拉 烤

美味的蜜汁烤腿排作法超級簡單！搭配的是烤得金黃的南瓜薄片，並以綠葉點綴，最後撒上堅果即完成。

材料

去骨雞腿…1片（約200g）
南瓜…120g
紫洋蔥…1/4顆
小番茄…6顆
小黃瓜…1/2條
沙拉葉…60g
混合堅果…適量

〔**雞腿肉醃料**〕

鹽…1小匙
黑胡椒…適量
醬油…1大匙
蜂蜜…1小匙
米酒…1小匙

〔**調味料**〕

鹽…1小撮
黑胡椒…適量
橄欖油…1小匙
紅椒粉…適量

準備

1. 雞腿肉洗淨後，依喜好決定是否去皮、去除多餘油脂，接著加入醃料醃製，均勻按摩並放入冰箱冷藏數小時至隔夜為佳。
2. 烤箱預熱至180～200℃。
3. 南瓜洗淨、切成薄片。
4. 紫洋蔥洗淨切絲，泡冰水10～15分鐘去嗆味。
5. 小番茄洗淨、去蒂切半；小黃瓜洗淨、斜切片；沙拉葉洗淨。

作法

1. 南瓜薄片表面撒點鹽、黑胡椒，淋上橄欖油。
2. 南瓜和雞腿肉一起放入烤箱，整體灑上紅椒粉，以180～200℃烤約25～30分鐘。

   May's Tip 由於雞腿較厚，需要比雞胸更久的烘烤時間，可用筷子或叉子測試，如果能順利戳到底就表示熟了。
3. 在碗裡擺上沙拉葉，取出烤箱的雞腿和南瓜後，先將雞腿切成3～4片（烤完再切，以防肉汁留出），同南瓜一起裝碗。
4. 加上洋蔥絲、小番茄、小黃瓜片，撒上堅果，調整擺盤，完成！

吃貨*May*說

醬油＋蜂蜜的雞肉醃料是我參考較歐美的作法。至於加米酒是用來去腥，較日式的作法會以味霖取代，中式則普遍加糖，都能讓雞腿吃起來甜甜的！

匈牙利紅椒雞胸佐酪梨莎莎醬

異國風味的匈牙利紅椒香氣迷人，搭配肉質軟嫩juicy的雞胸，以及自製的酪梨醬，是最無懈可擊的完美組合。

材料

雞胸肉…1片（180g）
雞蛋…1顆
青花菜…1/2顆
沙拉葉…80g

〔酪梨莎莎醬材料〕
酪梨…1/2顆
大番茄…1/4顆
紫洋蔥…1/4顆
檸檬…1/4顆
鹽…1小匙
黑胡椒…適量

〔雞胸肉醃料〕
鹽…1小匙
黑胡椒…適量
匈牙利紅椒粉…1小匙
黃芥末…1小匙
無糖優格…20g
橄欖油…1小匙

吃貨*May*說

這款紅椒優格烤雞的醃料是我自認最厲害的！紅椒粉吃起來有種辣勁，很對味。酪梨莎莎醬的用途廣泛，可用於沙拉、麵包抹醬等，不僅含有優質脂肪，自己做也更健康！

準備

❶ 雞胸肉橫切薄片，呈雞柳狀（一片雞胸約可切4～5片），再以醃料醃製，均勻按摩，放入冰箱冷藏1～2小時以上。

May's Tip 雞胸肉不要切太小塊，烹調後會容易乾澀，且擺盤起來也較不好看。

❷ 烤箱預熱至200～220℃。

❸ 青花菜洗淨、切小朵後，削去外皮。

❹ 紫洋蔥泡冰水去嗆味後切小丁；大番茄去皮、去籽後切丁；酪梨切半，取半顆去皮，挖出果肉後切成小丁。

作法

❶ 將醃製過的雞胸肉放入烤箱。以200～220℃烤8～10分鐘，再翻面烤5～8分鐘。

❷ 用等待時間煮半熟蛋，準備一鍋水，從冷水開始以大火滾煮蛋約7分鐘後，關火泡1分鐘，再取出沖冷水，冷卻後剝殼，切半備用。

❸ 再煮一鍋水，水滾後丟入花椰菜，加入1小匙鹽巴（分量外）煮3分鐘，取出放涼備用。

❹ 製作酪梨莎莎醬：把紫洋蔥丁、番茄丁、酪梨丁放入碗中，擠入檸檬汁，加入鹽、黑胡椒，用小湯匙攪拌，即完成淋醬。

May's Tip 檸檬汁用於提味，不用擠太多！

❺ 將沙拉葉放在碗底，擺上完成的烤雞胸、半熟蛋和花椰菜及酪梨莎莎醬，完成！

青醬義式香料雞胸筆管麵 烤

美味的香料烤雞胸和自製青醬麵，自己動手做比起外面餐廳賣的義大利麵，蛋白質含量更是雙倍滿足！

材料

雞胸肉…1片（180g）
紅椒…1/2顆
黃椒…1/2顆
洋蔥…1/4顆
筆管麵…80g
混合堅果…適量

〔雞胸肉醃料〕

鹽…1小匙
黑胡椒…適量
無糖優格…20g
義式香料粉…適量
檸檬枝…適量
橄欖油…1小匙
蜂蜜…適量
蒜片…6片

〔青醬材料〕

九層塔…1把
蒜頭…1瓣
堅果（松子或核桃）…適量
橄欖油…1大匙
鹽…適量
黑胡椒…適量

〔調味料〕

帕馬森起司粉…適量

準備

1. 雞胸肉洗淨擦乾，抹上醃料冷藏1～2小時以上。
2. 烤箱預熱至180～200℃。
3. 彩椒洗淨去籽、切丁。
4. 洋蔥洗淨、切丁。

作法

1. 製作青醬：準備一個果汁機， 放入九層塔、蒜頭、堅果、橄欖油、鹽和黑胡椒，打勻即可。
2. 醃好的雞胸肉以180～200℃烤20～25分鐘。
3. 等待同時，以滾水加1小匙鹽巴（分量外）煮筆管麵，約10分鐘，煮時不斷攪拌，起鍋後拌入1小匙橄欖油，避免麵條黏在一起。
4. 準備一個平底鍋，倒入1小匙橄欖油（分量外），用中火炒彩椒丁和洋蔥丁。
5. 炒至洋蔥呈透明時，加入青醬和筆管麵，再加一匙煮麵水，快速拌一拌即可起鍋。

   May's Tip 加一匙煮麵水可以讓醬汁和麵條更融合，是烹調義大利麵常用的小撇步。
6. 裝盤，擺上烤雞胸，撒上堅果、帕馬森起司粉和九層塔葉即可。

吃貨*May*說

青醬的作法比較麻煩，所以很多人會直接買市售的。若自己動手做，建議可以一次準備大量，於冰箱冷藏存放。

爆漿起司雞胸佐蒜奶藜麥飯

內餡滿滿的暴走起司雞胸，誰能抗拒？搭配香氣逼人的蒜香奶油藜麥飯，令人一口接一口，停不下來！

材料

雞胸肉…1片（180g）
菠菜葉…1把
大番茄…1/2顆
莫札瑞拉起司…2塊
藜麥白米…1杯（180g）
蒜頭…2瓣
含鹽奶油…1小塊
青花菜…1/2顆

〔**雞胸肉醃料**〕
鹽…1小匙
黑胡椒…適量
橄欖油…3-5ml

〔**調味料**〕
橄欖油…1小匙
巴西里碎片…適量

準備

❶ 雞胸肉洗淨後對半切（不完全切開），抹上醃料冷藏1～2小時以上。
❷ 烤箱預熱至180～200℃。
❸ 大番茄洗淨、切片；菠菜洗淨去梗、剝成片。
❹ 蒜頭切成蒜末；青花菜洗淨、切小朵。
❺ 準備藜麥白米飯。
- ❶ 白米（或糙米）混合藜麥後，以冷水沖洗約2～3次。
- ❷ 洗淨後加水，水位稍微淹過藜麥和米的表面。
- ❸ 將藜麥和白米放入電鍋，外鍋加1杯水，蒸到開關跳起，約40分鐘。
- ❹ 再燜10分鐘後，取出1碗備用。

作法

❶ 取出醃製的雞胸肉，在切口塞入番茄片、莫札瑞拉起司與數片菠菜葉。
❷ 在雞胸肉表面淋點橄欖油、撒上巴西里碎片，以180～200℃烤25分鐘左右。
❸ 煮一鍋水，水滾後放入青花菜，加1小匙鹽巴（分量外），汆燙約3分鐘後撈起。
❹ 藜麥飯趁熱以小湯匙拌入蒜末與含鹽奶油後，盛盤。飯上鋪烤雞胸肉、青花菜，完成！

吃貨*May*說

這款蒜香奶油藜麥飯是我跟歐嬤老闆娘討教的作法，因為第一次吃到的時候，覺得實在太驚艷了，只是多拌入蒜末和奶油，就能讓原本乏味的東西變得如此美味，建議大家一定要試試看！

XO醬蛋鬆雞肉飯 煮

利用低溫水煮的雞絲，做出家鄉味的健康版雞肉飯，搭配鬆軟的雞蛋鬆和XO醬，令人食指大動，大口扒飯！

材料

雞胸肉…1片（120g）
蔥…1根
糙米…1杯（150g）
雞蛋…3顆
青江菜…1把

〔**調味料**〕
鹽…適量
米酒…適量
胡椒…適量
XO辣醬…1小匙

準備

❶ 將雞蛋全部打入碗中，加入適量鹽、胡椒，打勻成蛋液；青江菜洗淨。

❷ 糙米洗淨，內鍋加入米：水為1：1.1比例的水，外鍋放1杯水，入電鍋蒸約40分鐘，取出一碗備用。

May's Tip 水的比例請遵循外包裝指示，也可以依照個人喜好的軟硬增減。電鍋跳起來先燜15分鐘左右再開蓋。

作法

❶ 低溫水煮雞胸肉後，泡冰水備用，涼了後用手或叉子撕成絲。

May's Tip 低溫水煮：煮一鍋水，加入1小匙鹽、蔥段或薑片、米酒以去腥。水滾後，加一碗冷水讓水冷卻，接著放入雞胸，轉最小的火煮約10～15分鐘，用筷子確認裡面是否有熟，若能順利戳到底，就可以盛起。

❷ 中火熱平底鍋，加入少許油（分量外）後倒入蛋液，用筷子快速左右攪動打散，持續動作至蛋液凝固呈顆粒碎狀，即可盛起備用。

❸ 煮一小鍋水，加1小匙鹽巴，汆燙青江菜。

❹ 在飯上鋪滿雞胸肉絲、雞蛋鬆、青江菜，淋上XO辣醬即完成。

健人*May*說

很多人對台式料理的印象就是不健康，然而，只要意識營養成分、調整烹調方式，增加蛋白質和纖維的比例，也能搖身一變成營養均衡的健身餐。飯建議一次煮3～5天份，用保鮮盒分裝較方便。

泰式手撕雞沙拉 煮

低溫水煮的軟嫩雞絲，搭配自製的泰式淋醬，一道爽口的沙拉就上桌了。不僅開胃，也能補充蛋白質和滿滿纖維！

材料

雞胸肉…1片（120g）
小黃瓜…1/2條
紫洋蔥…1/4顆
小番茄…6顆
沙拉葉…80g
雞蛋…1顆
混合堅果…適量

〔泰式風味淋醬〕

魚露…1小匙
泰式甜辣醬…2小匙
檸檬汁…1/2顆
蒜末…2瓣的量
辣椒…1條
白胡椒粉…適量

準備

❶ 將淋醬用的蒜頭、辣椒切末。
❷ 小黃瓜、紫洋蔥洗淨並切絲。
❸ 小番茄洗淨去蒂、切半。

作法

❶ 低溫水煮雞胸肉後，泡冰水備用，涼了後用手或叉子撕成絲。（水煮技巧可參考「XO醬蛋鬆雞肉飯」P.49）

❷ 製作泰式風味淋醬：均勻攪拌「泰式風味淋醬」的所有食材。

❸ 煮一顆半熟蛋：準備一鍋水，從冷水開始以大火滾煮蛋約7分鐘，關火後泡1分鐘，再取出用冷水沖涼，剝殼切半。

May's Tip 我個人試驗過最漂亮的半熟蛋作法，是水煮7分鐘後關火，蓋鍋蓋燜30秒～1分鐘。若是冰過的蛋，必須先放在室溫下回溫。

❹ 碗裡擺上沙拉葉，再將雞胸肉、蔬菜和蛋裝碗，加上泰式淋醬，堅果作裝飾，完成。

吃貨May說

手撕雞的用途很廣，配上不同風味的醬汁，就能有各種變化和滋味。

芝麻醬手撕雞涼麵 煮

市售涼麵通常蛋白質和纖維份量都不夠，自己做可以加入大量雞絲和蔬菜，健康又美味。日式芝麻蒜醬雖然熱量較高，但有畫龍點睛的效果，只要搭配的材料是清爽、無負擔的，就不用擔心卡路里超標！

材料

雞胸肉…1片（120g）
雞蛋…3顆
紅蘿蔔…1/2條
小黃瓜…1/2條
木耳…100克
玉米筍…4條
蒜頭…2瓣

〔調味料〕
鹽…適量
胡椒…適量
日式芝麻醬…1大匙

準備

❶ 紅蘿蔔去皮，與小黃瓜洗淨並切絲。蒜頭切末。

❷ 雞蛋全數打入碗中，加鹽、胡椒並打勻成蛋液。

作法

❶ 低溫水煮雞胸肉後，泡冰水備用，變涼後用手或叉子撕成絲。（水煮技巧可參考「XO醬蛋鬆雞肉飯」P.49）

❷ 製作蛋絲：準備一個大一點的平底鍋，倒入少許橄欖油（分量外），再倒入蛋液鋪平。小火煎到蛋熟後，用鏟子將蛋皮捲成長條狀，起鍋切成絲（約0.3～0.5cm寬）。

May's Tip 蛋液一次不要倒太多，薄薄一層就好，以免煎出來的蛋皮太厚。

❸ 燙熟木耳和玉米筍後，將木耳切成絲。

❹ 將雞絲、蔬菜和蛋絲都放到碗上。日式芝麻醬混入蒜末，擺盤後淋上。

健人*May*說

這道健人版涼麵是用蛋絲取代麵條，視覺和味覺上還真的有些相似！如果還是無法割捨澱粉的人，可以只用2顆蛋做蛋絲，並水煮蕎麥麵，約煮7～8分鐘後將麵條撈出，放入冰塊中冰鎮，就完成涼麵囉！

日式親子丼 煮

日式親子丼無疑是為健身者設計的菜單，我喜歡加入雙倍肉料和3顆蛋，蛋白質含量破錶。若改使用雞腿肉，更能增加美味度，是更適合增肌的健人版本！

材料

雞胸肉…1片（180g）
雞蛋…3顆
洋蔥…1/2顆
蔥…1條
糙米…1杯（150g）

〔調味料〕
日式醬油…1大匙
味霖…10cc
米酒…1小匙

準備

❶ 調製日式醬汁：將日式醬油：味霖：米酒以3:2:1的比例混合。
❷ 雞胸肉洗淨切塊，泡鹽水抓醃約10～15分鐘，入鍋前需拭乾水分。
❸ 洋蔥洗淨、去皮切絲（切細一點，更好吃！）。
❹ 蔥洗淨切蔥花。
❺ 糙米洗淨，內鍋加入糙米：水為1：1.1比例的水，入電鍋蒸約40分鐘後，取出一碗備用。

作法

❶ 將蛋打入碗中，加一點日式醬汁，稍微用筷子把蛋弄破，但不用完全打勻。
❷ 準備1個中小型的平底鍋，以中小火熱鍋後，倒入橄欖油（分量外），下洋蔥炒至變軟。
❸ 接著放入雞肉，炒至雞肉呈金黃色時，倒入日式醬汁和半碗水，蓋上鍋蓋，轉小火燜煮約3～5分鐘。
❹ 等雞肉約8分熟時，掀鍋蓋淋上蛋液，再蓋上鍋蓋，繼續以小火燜煮。
❺ 蛋液成形即可起鍋，放在飯上撒點蔥花，完成！

May's Tip 一開始下蛋液時預留約30%，等到鍋中的蛋差不多熟時再加入，燜15～20秒就起鍋。這樣的作法，可以做出有點半熟、更好看又美味的親子丼蛋汁！

吃貨May說

這道料理的蛋液不需打勻，蛋白與蛋黃稍微分開，才是合格的親子丼飯。調製的日式醬汁就是壽喜燒會使用的醬汁。

地瓜泥雞肉咖哩 煮

又是地瓜、又是雞肉、又是牛奶，完全是為健身者量身打造的健人版咖哩，口感更是出乎意料的美味！

材料

雞胸肉…1片（180g）
地瓜…1/2條
洋蔥…1/2顆
大番茄…1顆
青花菜…1/2顆
市售咖哩塊…40g
牛奶…150cc
薑…1片
蒜頭…1瓣
糙米…1杯（180g）

〔擺盤配菜〕
豌豆夾…2片
南瓜薄片…3片
紅黃彩椒…各2片
杏鮑菇…3小片
香菜…1枝

〔調味料〕
鹽…適量
胡椒粉…適量

吃貨May說

雞胸若換成雞腿會更好吃。這道建議一次準備大量，可冷藏數日。地瓜泥不建議煮太久，要上桌前再加進去，稍微拌一拌就好！

準備

1. 雞胸肉洗淨後拭乾水分、切塊，以鹽水醃製約15-20分鐘。
2. 薑片切絲；蒜頭切小片；洋蔥洗淨切絲。
3. 杏鮑菇洗淨切片；大番茄洗淨、切塊。
4. 青花菜洗淨、切小朵後，削去外皮。
5. 烤箱預熱至170～180℃。
6. 糙米洗淨，內鍋以米：水為1：1.1比例，外鍋放1杯水，入電鍋蒸約40分鐘，取出1碗備用。

作法

1. 電鍋外鍋放一碗水，放入地瓜蒸熟後，用叉子壓成泥。
   May's Tip 地瓜可以和米飯同時蒸煮，節省時間。
2. 準備一個有深度的平底鍋，加入少許油，以中火爆香薑絲和蒜片，炒洋蔥和雞胸至7分熟。
3. 接著在鍋內加入咖哩塊、牛奶、大番茄塊，以小火燉煮約20分鐘。
4. 另煮一鍋水，汆燙花椰菜約3分鐘，和地瓜泥一起拌入咖哩中。
5. 豌豆夾、南瓜薄片、紅黃彩椒、杏鮑菇放在烤盤上，撒點鹽、胡椒，淋適量橄欖油，放入170～180℃的烤箱烤15分鐘。
6. 咖哩加上飯與配菜，美味豐盛上桌。

麻油雞腿高麗菜飯 煮

用麻油炒過的雞腿，香氣強烈，與蔬菜爆香後燜於鍋中，帶有些微鍋粑的高麗菜飯，好吃極了！

材料

糙米…1杯（180g）
雞腿排…150g
紅蘿蔔…1/4條
高麗菜…小顆1/4顆
鴻禧菇…1包
蒜頭…2瓣
薑…1片
蔥…1根

〔**雞腿肉醃料**〕
鹽…1小匙
胡椒粉…1小匙
蒜末…1瓣的量
米酒…1小匙

〔**調味料**〕
麻油…1小匙
米酒…1小匙
鹽…適量

準備

❶ 準備一個容器，洗淨糙米，以水和米為1：1的比例，浸泡米約15分鐘。
❷ 雞腿排去皮切塊，以醃料抓醃並靜置約15分鐘。
❸ 紅蘿蔔洗淨去皮、切絲；鴻禧菇切除根部、剝成小塊。
❹ 高麗菜洗淨，剝小塊並瀝乾。
❺ 蔥洗淨後切蔥絲；薑片切絲；蒜頭切末。

作法

❶ 準備一個中型鍋，不倒油以中小火乾煎雞腿塊。
❷ 等雞肉約6～7分熟，表面已上色時，再倒入一大匙麻油和薑絲，煸至薑絲呈金黃。
❸ 加入紅蘿蔔絲、鴻禧菇、高麗菜、米酒、鹽、蒜末，拌炒至蔬菜變軟。
❹ 再加入糙米，由於高麗菜和菇類容易出水，容器內的水可先倒掉一些，攪拌一下，並用木鏟壓平表面，蓋上鍋蓋，以小火燜約20～25分鐘左右後，關火再悶5～10分鐘。
❺ 打開鍋蓋，拌一拌，撒上蔥絲即完成。

吃貨*May*說

這道料理是媽媽傳授給我的。一鍋煮的概念很有媽媽的風格，吃了也能感受到家的幸福感。

電鍋ok！馬鈴薯雞腿 蒸

只要一個電鍋就ok的懶人料理，適合沒有廚房的外宿生，滿滿的蔬菜與蛋白質，淋上醬汁一同燉煮至骨肉分離，逼出迷人香氣，讓你大口扒飯，直呼過癮。

材料

雞腿排…1片（180g）
紅蘿蔔…1/2條
馬鈴薯…中型1顆
洋蔥…1/2顆
蔥…1根
薑…1片
蒜頭…1-2瓣
白米…1杯（180g）

〔調味料〕
醬油…1大匙
米酒…1/2大匙
味霖（糖）…1小匙

準備

❶ 雞腿排去皮、切塊。
❷ 所有蔬菜洗淨。紅蘿蔔削皮、以滾刀切塊；馬鈴薯削皮、切塊；洋蔥去皮、切塊；蔥切段及蔥花。
❸ 白米洗淨，內外鍋各放1杯水，入電鍋蒸約40分鐘，等開關跳起再燜15分鐘，盛1碗備用。

作法

❶ 調製醬汁：將醬油、米酒、味霖均勻拌在一起，依個人喜好加半碗或一碗水。
❷ 將雞腿、紅蘿蔔、馬鈴薯、洋蔥、薑片、蔥段和蒜頭全部放入電鍋，淋上醬汁，外鍋1碗水蒸40分鐘至1小時，撒上蔥花，完成。

吃貨May說

這道也很適合作為料理新手的入門料理，簡單的準備步驟都處理好後，剩下的交給電鍋就OK！耐心等待，即能享受令人幸福的雞腿料理。

橙汁雞胸沙拉

水果中的酵素，有讓雞胸變軟嫩的效果。這碗橙汁煎雞胸沙拉不僅口感絕佳，還帶有清爽開胃的酸甜果香。

材料

雞胸肉…1片（150g）
藜麥（黃藜＋紅藜）…40g
生菜…80g
紫洋蔥…1/4顆
小黃瓜…1/2條
酪梨…1/4顆
玉米筍…4支
青花菜…1/2顆
雞蛋…1顆
小番茄…6顆
蒜頭…1-2瓣

〔**雞胸肉醃料**〕
鹽…1小匙
黑胡椒…1小匙
柳橙…1/2顆
（橙汁…20cc）
橄欖油…1小匙

〔**調味料**〕
橄欖油…1小匙
鹽…適量
黑胡椒…適量

準備

1. 雞胸切成柳條狀，抹上醃料並均勻按摩，放置20分鐘以上。醃製後瀝乾多餘水分。
2. 生菜洗淨、瀝乾水分。
3. 將所有蔬果洗淨。紫洋蔥去皮、切絲、小黃瓜斜切成薄片、酪梨去籽切片、小番茄去蒂、對半切。
4. 青花菜洗淨去皮、切小朵；蒜切成末。
5. 煮藜麥。（煮法請參考「雞胸酪梨草莓藜麥沙拉」P.39）

作法

1. 準備一個平底鍋，熱鍋後以中小火煎雞胸，一面約煎1～2分鐘後翻面，兩面皆呈金黃色後即可轉小火，蓋上鍋蓋，燜3～5分鐘，確認熟後取出（也可關火燜6～8分鐘）。
2. 等待的時間，可另外煮一鍋水，水滾後汆燙玉米筍、青花菜，約3分鐘後撈起備用；接著煮半熟蛋，約6～8分鐘可取出放涼，剝殼切半備用。
3. 蒜末、橄欖油、黑胡椒和鹽拌勻，調製成醬，拌入煮熟放涼的藜麥中。
4. 將剩下的橙汁拌入蒜末、橄欖油、鹽、胡椒粉，製成清爽的橙香橄欖油醬淋在沙拉上，完成！

吃貨*May*說

帶有淡淡橙香的雞胸非常美味，如果家裡有吃不完的柳橙，建議不妨拿來當作肉類的醃料或沙拉淋醬，將會意想不到的對味！

雞胸彩椒筆管麵 煎

用平底鍋製作的Mayfitbowl，主角是軟嫩的香煎雞肉，搭配蒜炒時蔬丁，五彩繽紛的沙拉碗就誕生了！加入筆管麵後更加有飽足感！

材料

雞胸肉…1片（150g）
紅椒…1/4顆
黃椒…1/4顆
洋蔥…1/4顆
蘑菇…6朵
蒜頭…2瓣
筆管麵…80g
沙拉葉…80g
混合堅果…適量

〔雞胸肉醃料〕
鹽…1小匙
胡椒粉…1小匙
羅勒葉…適量
檸檬汁…1/4顆
橄欖油…1小匙

〔調味料〕
鹽…1小匙

準備

1. 雞胸肉洗淨後切成雞柳狀，抹上醃料均勻按摩，建議放置1小時以上。
2. 彩椒去籽、洋蔥洗淨切小丁；蘑菇去蒂頭切片。
3. 蒜頭切末；沙拉葉洗淨。
4. 煮一鍋沸水，加1小匙鹽巴，煮筆管麵約8～10分鐘，撈起冷卻後拌1匙橄欖油。

作法

1. 準備一個平底鍋，熱鍋後以中小火煎雞胸，一面約煎1～2分鐘，兩面皆呈金黃色時可轉小火蓋上鍋蓋，燜3～5分鐘取出（也可關火燜6～8分鐘）。
2. 平底鍋洗淨，熱鍋後倒少許橄欖油（分量外），加入洋蔥丁炒軟後，放入彩椒丁、蘑菇片、筆管麵，加1匙煮麵水，與蒜末拌炒，即可起鍋。
3. 碗裡鋪沙拉葉，擺上彩椒筆管麵和雞肉，堅果壓碎後撒些作裝飾，完成。

吃貨*May*說

這是我認為最好吃的雞肉煎法，採用「先煎後燜」的方式，最能保留雞胸的肉汁。

七味粉雞胸佐高纖時蔬

中式快炒版本的Mayfitbowl來了！料理簡單快速，還有豐富的蛋白質與纖維，最後撒上七味粉畫龍點睛，健康的一餐就這樣搞定。

材料

雞胸肉…1片（180g）
鴻禧菇…1/2包
玉米筍…30g
四季豆…1把
蛋…1顆
糙米…1杯（150g）

〔雞胸肉醃料〕
鹽…1小匙
米酒…1小匙
白胡椒粉…1小匙

〔調味料〕
七味粉…適量
胡椒粉…少許
鹽…少許

準備

1. 雞胸肉切成雞柳狀，抹上醃料均勻按摩，放置20分鐘以上。
2. 鴻禧菇去根部後剝小塊；玉米筍洗淨；四季豆洗淨、去頭尾並切段。
3. 糙米洗淨，內鍋以糙米：水為1：1.1比例，外鍋放1杯水，入電鍋蒸約40分鐘，取出1碗備用。

作法

1. 準備一鍋水，水滾後放入玉米筍汆燙約3分鐘，撈起備用。繼續煮半熟蛋，約6~8分鐘可取出放涼，剝殼切半備用。
2. 準備一個平底鍋，熱鍋後以中小火煎雞胸，一面約煎1～2分鐘，煎至兩面呈金黃色，且有些微焦後轉小火，蓋鍋蓋燜5～7分鐘可起鍋，撒上七味粉。
3. 同一鍋子放入鴻禧菇、四季豆、玉米筍快速拌炒，撒上少許鹽和胡椒粉調味，盛盤。
4. 糙米飯擺上雞胸肉、蔬菜、半熟蛋，並在雞胸肉上撒七味粉，完成。

吃貨*May*說

看似是簡單不過的料理，但在配色上毫不馬虎，紅色的七味粉稍微點綴、黃色的玉米筍、綠色的四季豆……，令人看了心情愉悅！

蒜味雞胸佐涼拌蔬菜絲

以大量蒜末醃製的雞胸，吃起來蒜味十足，搭配帶有辣勁的涼拌黑木耳絲，就是這麼簡單，就是這麼美味！

材料

雞胸肉…1片（150g）
黑木耳…2片
小黃瓜…1/2條
雞蛋…1顆
蒜頭…1瓣
薑…1片
蔥…1根
辣椒…1小條
糙米…1杯（150g）

〔雞胸肉醃料〕

鹽…1小匙
黑胡椒…1小匙
蒜末…3瓣的量
米酒…1大匙
橄欖油…適量

〔調味料〕

香油…1小匙
白醋…1小匙

準備

❶ 雞胸肉洗淨後切成雞柳狀，以醃料抓醃。

❷ 糙米洗淨以1：1.1比例加水，入電鍋後外鍋放1杯水，蒸約40分鐘後，取出1碗備用。

May's Tip 水的比例請遵循外包裝指示，也可以依照個人喜好的軟硬增減。電鍋跳起來先燜15分鐘左右再開蓋。

❸ 黑木耳、小黃瓜均洗淨、切絲。

❹ 蒜頭切末；薑片切絲；蔥切成蔥花；辣椒切圓片。

作法

❶ 準備一個平底鍋，熱鍋後倒橄欖油（分量外），雞胸肉拭乾水分後放入。

❷ 以中小火煎雞胸肉，一面約煎1～2分鐘，兩面皆呈金黃色後轉小火，蓋上鍋蓋，燜3～5分鐘取出（也可關火燜6～8分鐘）。

❸ 等待時間可另外煮一鍋水，水滾後放入黑木耳，汆燙3～5分鐘，撈起放涼並切成絲。

❹ 接著煮半熟蛋，滾水煮約6～8分鐘，放涼冷卻後剝殼、切半。

❺ 混合木耳絲和小黃瓜絲，加入香油、白醋、蒜末、薑絲、蔥花和辣椒片，充分拌勻。

❻ 將所有材料盛盤，即可上桌！

吃貨*May*說

大蒜在抗氧化、心血管疾病的預防上有很好的功效，做這道料理時，請盡情加入大量蒜末吧！就算切蒜切到手痠，還是要秉持蒜頭狂熱者的堅持繼續下去。

牛奶雞胸紅蘿蔔炒蛋 炒

以牛奶醃製的雞胸帶有淡淡奶香，也具有讓雞胸肉質軟嫩、去腥的效果，搭配紅蘿蔔炒蛋與花椰菜，是健身者的最愛。

材料

雞胸肉…1片（180g）
紅蘿蔔…1/2條
青花菜…1顆
雞蛋…2顆
蒜頭…1瓣

〔雞胸肉醃料〕
鹽…1小匙
黑胡椒…1小匙
牛奶…40cc～50cc

〔調味料〕
鹽…適量
黑胡椒…適量

準備

1. 雞胸肉洗淨後切成小塊，抹上醃料按摩醃製10～15分鐘。

   May's Tip 乳製品如牛奶、優格皆有讓雞胸肉質變軟嫩的效果，家裡沒有優格的話，也可以用牛奶快速醃製！

2. 紅蘿蔔洗淨去皮、切絲；蒜頭拍平、去皮。
3. 青花菜洗淨去皮、切小朵。
4. 雞蛋打入碗中，加入鹽、黑胡椒並打勻成蛋液。

作法

1. 瀝乾雞胸肉的水分。準備一個平底鍋，倒一匙油（分量外），用中火炒雞胸至肉熟，取出備用。
2. 熱鍋後，下少許油（分量外），先用蒜頭爆香，再倒入紅蘿蔔絲炒香，加少量水蓋上鍋蓋燜1～2分鐘至變軟。
3. 接著將蛋液倒入鍋中，與紅蘿蔔絲快速拌炒後，盛起備用。
4. 煮一鍋水，水滾後加入鹽巴，再放入花椰菜汆燙3分鐘。
5. 擺盤雞胸、紅蘿蔔炒蛋、花椰菜，即完成。

吃貨*May*說

雖然我仍認為雞肉以無糖優格醃製的口感勝於牛奶，但牛奶是求快速時很好的醃製選擇，剛好家裡只有牛奶又趕時間的人，可以試做看看喔。

檸檬羅勒雞胸 炒

雞肉款的快炒料理，加州黃檸檬和新鮮甜羅勒入菜別有一番風味，搭配一碗飯，是吃貨的高級享受！

材料

雞胸肉…1片（180g）
新鮮羅勒…1小把
黃椒…1/4顆
洋蔥…1/4顆
杏鮑菇…1個
小番茄…4顆
糙米…1杯（150g）

〔雞胸肉醃料〕
鹽…1小匙
黑胡椒…1小匙
黃檸檬汁…1/4顆

〔調味料〕
鹽…適量
胡椒…適量

準備

1. 雞胸肉切小塊，抹醃料抓醃靜置10分鐘，下鍋前瀝乾水分。
2. 所有蔬菜洗淨。黃椒去籽切成塊狀；洋蔥去皮、切絲；杏鮑菇切薄片。
3. 羅勒去梗留下葉子；小番茄去蒂、對半切。
4. 糙米洗淨，內鍋加入米：水為1：1.1比例的水，外鍋放1杯水，入電鍋蒸約40分鐘，取出1碗備用。

作法

1. 平底鍋以中火熱鍋，倒一匙橄欖油（分量外），放入雞肉煎炒至兩面上色。
2. 再放入洋蔥絲、杏鮑菇片、黃椒塊與雞肉翻炒，撒適量的鹽、胡椒，可再擠一些黃檸檬汁調味（分量外），繼續翻炒至雞肉呈9分熟。
3. 最後轉中大火，放入羅勒、小番茄，快速翻炒後起鍋，擺盤。

吃貨*May*說

西式的basil是指羅勒，味道比較清甜，中式的basil是九層塔，味道較重。兩者大同小異，沒有羅勒也可使用九層塔代替。

三杯九層塔雞胸 炒

三杯快炒是我最愛的中式口味，加入大量的雞胸肉，做成好吃下飯又不怕熱量爆表的健人款經典菜色。

蛋白質 52.0g

材料

雞胸肉…1片（180g）
茄子…1條
薑…1片
蒜頭…3瓣
辣椒…1小根
九層塔…1把
小番茄…6顆
蔥…2根
糙米…1杯（150g）
生菜…30g

〔雞胸肉醃料〕
鹽…1小匙
胡椒粉…1小匙
米酒…1匙

〔調味料〕
麻油…1小匙
蠔油…1小匙
醬油…1大匙
米酒…1/2大匙
糖…1小匙

準備

❶ 雞胸肉洗淨切塊，以醃料按摩醃製10分鐘以上。
❷ 茄子洗淨以滾刀切塊，並泡在鹽水中避免變色。
❸ 九層塔去梗、洗淨；小番茄洗淨、去蒂。
❹ 蒜頭切末；辣椒切斜片；薑切成薑絲；蔥切段。
❺ 糙米洗淨，內鍋以米：水為1：1.1比例，外鍋放1杯水，入電鍋蒸約40分鐘，取出1碗備用。

作法

❶ 準備一個平底鍋，倒少許麻油後，用中火炒雞胸至表面上色（約6～7分熟）。
❷ 接著將茄子瀝乾水份，同薑絲、糖、蒜末加入鍋中，並倒入蠔油、醬油、米酒（比例為1：3：2），以大火拌炒。
❸ 待茄子變軟上色後，加入九層塔、辣椒片、蔥段和小番茄，快速拌炒後即可起鍋。
❹ 三杯九層塔炒雞胸配上糙米飯，香噴噴上桌。也可以配上生菜裝飾。

吃貨*May*說

小時候最討厭吃茄子，長大後才懂得茄子的美味，尤其是重口味的中式茄子，燉煮得軟爛入味，和營養糙米飯是絕配！

羽衣甘藍蒜味雞肉飯

羽衣甘藍高纖營養且有助消化，與雞肉、五彩時蔬和蒜頭翻炒更是散發誘人香氣，加入糙米飯快炒能增加飽足感，是一碗健康滿點的Mayfitbowl ！

材料

雞胸肉…1片（180g）
羽衣甘藍…80g
洋蔥…1/4顆
紅椒…1/4顆
黃椒…1/4顆
蘑菇…6朵
蒜頭…2瓣
玉米粒罐頭…30g
糙米…1杯（160g）

〔雞胸肉醃料〕

牛奶…1大匙
鹽…1小匙
胡椒…1小匙

〔調味料〕

鹽…1小匙
胡椒…1小匙

準備

1. 糙米洗淨，內鍋加入米：水為1：1.1比例的水，外鍋放1杯水，入電鍋蒸約40分鐘，取出1碗備用。冷藏至隔天的隔夜飯更適合炒飯。
2. 雞胸肉切塊狀後，抹上醃料醃製15分鐘。
3. 羽衣甘藍洗淨、去梗並剝成小塊。
4. 去籽彩椒和去皮洋蔥洗淨、切丁；蘑菇去蒂頭、切片。
5. 蒜頭切末。

作法

1. 平底鍋倒少許橄欖油（分量外），用中火炒雞肉至8分熟，盛起備用。
2. 鍋子洗後倒少許橄欖油（分量外），轉中小火炒洋蔥丁至透明時，加入彩椒丁、蘑菇片、玉米粒與蒜末拌炒，炒出香氣再加入糙米飯、雞肉，最後下羽衣甘藍快速翻炒，加點鹽、胡椒調味，即可起鍋。
3. 擺盤，完成。

健人*May*說

羽衣甘藍在歐美國家的超市很常見，在台灣就比較難買，幸運能在濱江市場看到它的身影，價格上也便宜很多。帶有苦澀味的kale經過烹調後會散發獨特香味，常見的料理方法是淋上橄欖油，撒點鹽、糖，入烤箱150～170℃烤15分鐘至酥脆，是健康小食之選！

COLUMN 2

如何讓雞胸肉更軟嫩、好吃？

低脂肪、高蛋白的雞胸肉是健身者的最愛，但也因為脂肪少、較無肉汁，很容易經過烹調，就變得乾柴、難以下嚥。料理過無數雞胸的我，對於如何煮出美味雞胸有一套自己的方法，而讓雞胸變得軟嫩多汁的關健就在於——醃製。前面料理已示範許多醃製配方，我將最精華的5個祕訣統整在這裡：

（1）烹煮前的1～2小時，將雞胸肉簡單以鹽、胡椒、橄欖油醃過。

這會讓雞胸表面形成保護膜，能防止水分流失。我個人料理肉類最喜歡用烤箱，因為高溫烘烤能鎖住肉汁。你也能自由變化，另外多加幾樣調味料醃製，更可以增添雞肉風味。

（2）烹調前將雞胸浸泡鹽水（200cc水+1小匙鹽巴）。

鹽水的量須醃過雞胸，由於鹽巴可改變肉的組織結構，讓雞胸口感更佳。建議可以再加入一匙米酒，有去腥的效果。

（3）用牛奶或優格醃製。

這個方法是我跟一位餐廳老闆討教的，一開始覺得半信半疑，真的試了一次優格烤雞胸，從此大愛！尤其醃製1小時以上，甚至一夜的效果最好。因為牛奶和優格皆富含脂肪，可以留住雞胸肉汁，還會帶有淡淡牛奶香。要注意若以牛奶醃製，不建議再加入其他酸性的醃料，否則牛奶容易凝結、變質。

（4）用酸味水果醃製，如檸檬、柳橙、鳳梨等富含酵素的水果。

這些水果的酵素可以分解蛋白質，讓肉質更軟嫩。在我的雞胸食譜中，很常加入檸檬汁，因為檸檬價格不高、容易取得，帶有檸香的雞胸吃起來也更清爽、沒負擔！

（5）留意烹調手法。

我們都知道，煮老、煮過久的雞胸不好吃，所以煎的時候建議「先煎後燜」，水煮時則以「低溫水煮」，用電鍋蒸最好「先蒸後燜」。把握以上原則，以燜取代開火烹調，就能盡可能保留住肉汁，從此和乾澀、難咬的雞肉說掰掰。

此外，雞胸肉也有不同的切法，可以搭配烹調方法選擇：

（1）不切，一個手掌大小狀。

在不切的情況下，可依據肉的厚薄選擇烹調方式。厚的適合烤，建議用180～200℃上下火烤20分鐘，放入烤箱前可先用小叉子戳洞，有助受熱均勻；薄的則適合煎，搭配較快速的烘烤，建議以180～200℃上下火烤15～18分鐘。

（2）切成雞柳狀。

雞柳狀適合煎與烤，一片雞胸可用橫切方式切成3～4片。

（3）切成塊狀。

塊狀適合煎與炒，切成易入口的大小，可縮短醃製時間。

▲ 掌握醃製和烹調技巧，就能把雞胸肉變好吃！

海鮮料理

鮭魚、鮮蝦、花枝、魚片……，這些都是非常適合健身者的低卡蛋白質。看似處理麻煩的海鮮，其實只要簡單醃製、烘烤，或去腥、汆燙，再配上高纖配菜，就是一道合格又美味的Mayfitbowl。此外，鮭魚也一直是我料理中很常登場的主角之一，其中的omega-3更可以作為優質脂肪的來源。

巴西里蜂蜜鮭魚佐風琴馬鈴薯

一個烤箱就能搞定的健身餐，主角是美味的蒜香鮭魚，配上經典的風琴馬鈴薯，外酥內軟，是極佳天然澱粉來源。以五顏六色的烤蔬菜增加纖維量，所需營養一次補足。

脂肪
34.0g

材料

鮭魚片⋯100g
洋蔥⋯1/4顆
彩椒⋯各1/4顆
綠櫛瓜⋯1/2條
馬鈴薯⋯中型1顆
沙拉葉⋯40g

〔鮭魚醃料〕

鹽⋯1小匙
黑胡椒⋯1小匙
蜂蜜⋯1小匙
蒜末⋯1瓣的量
巴西里碎片⋯少許
橄欖油⋯1小匙

〔調味料〕

紅椒粉⋯1小匙
蜂蜜⋯1小匙
橄欖油⋯適量
鹽、黑胡椒⋯適量

〔巴西里蜂蜜蒜醬材料〕

蒜頭⋯1瓣
橄欖油⋯2小匙
巴西里碎片⋯適量
鹽、黑胡椒⋯適量
蜂蜜⋯1小匙

準備

❶ 鮭魚片洗淨，以醃料按摩醃製，放置冷藏1小時。
❷ 將所有蔬菜洗淨。洋蔥去皮、切絲；彩椒去蒂及籽、切塊；綠櫛瓜切片。
❸ 用刀子在馬鈴薯上劃一刀一刀，劃到接近底部的地方，但不切斷。
❹ 烤箱預熱至180～200℃。

作法

❶ 將馬鈴薯放在烤盤上，撒點鹽、黑胡椒、紅椒粉，淋上蜂蜜和少許橄欖油，入烤箱烤20分鐘。
❷ 取出烤盤，在馬鈴薯旁放入鮭魚片、洋蔥絲、彩椒塊、櫛瓜片，同樣撒點鹽、黑胡椒、淋上少許橄欖油後，一同入烤箱，再烤20～30分鐘後，全部取出。

May's Tip 若不想花太多時間烘烤，可先水煮馬鈴薯約15～20分鐘，再將馬鈴薯劃一刀一刀，入烤箱烤25分鐘。

❸ 製作巴西里蜂蜜蒜醬：蒜頭切末，在碗中均勻攪拌混合所有材料。
❹ 將完成的所有食材裝碗，淋醬、擺盤即完成。

吃貨*May*說

烤箱料理是最適合懶人的料理，只需掌握各食材分別所需的烘烤時間，即能順利完成。通常根莖類需烤45分鐘至1小時；蛋白質類與蔬菜需烤10～20分鐘。

鮭魚碎沙拉佐蒔蘿優格醬

蒔蘿宜人的香氣很適合和鮭魚搭配。烤鮭魚碎肉佐自製的蒔蘿優格醬，口味清爽又開胃，想不到健身餐可以這麼美味！

材料

鮭魚片…150g
蘑菇…30g
黃櫛瓜…1條
洋蔥…1/4顆
紅椒…1/2顆
沙拉葉…80g
毛豆仁…30g

〔鮭魚醃料〕
鹽…1小匙
黑胡椒…適量
檸檬…1/4顆

〔蒔蘿優格醬材料〕
新鮮蒔蘿…2株
無糖優格…60g
檸檬…1/4顆
鹽…1小匙
黑胡椒…1小匙
橄欖油…2小匙
蜂蜜…1小匙
蒜末…2瓣的量

〔調味料〕
鹽…少許
黑胡椒…少許
橄欖油…1大匙

準備

1. 鮭魚片洗淨，用紙巾拭去水分，擠入檸檬汁，以醃料按摩醃製，放置冷藏2小時以上。
2. 蘑菇去蒂頭、切片；黃櫛瓜洗淨、切片。
3. 洋蔥洗淨、去皮、切絲；紅椒洗淨去蒂及籽、切塊；沙拉葉洗淨。
4. 烤箱預熱至180℃～200℃。

作法

1. 切好的蘑菇、黃櫛瓜、洋蔥、紅椒放在烤盤上，撒點鹽和黑胡椒，同鮭魚一起淋上橄欖油後，放進烤箱，以200℃烤20分鐘。
2. 製作蒔蘿優格醬：蒔蘿切碎後用紙巾擰去水分，拌入無糖優格，擠入適量檸檬汁，加蜂蜜、橄欖油、鹽、黑胡椒及蒜末，用小湯匙拌勻。
3. 煮一小鍋水，加1小匙鹽巴（分量外），汆燙毛豆仁3分鐘後，撈起備用。
4. 自烤箱取出鮭魚和蔬菜，用叉子將鮭魚弄碎，在新鮮沙拉葉上擺放鮭魚碎、烤蔬菜、毛豆仁，淋上蒔蘿優格醬，完成！

吃貨*May*說

蒔蘿的香氣我很喜歡，然而蒔蘿不容易買，只能在大型百貨超市或有機連鎖超市找到。

檸香鮭魚蘆筍藍莓沙拉 烤

鮭魚＋蘆筍＋酪梨＋藍莓！這道料理的靈感源自於在美國吃到的healthy bowl，美國有很多販售健康碗的店，這個組合令我感到新奇和印象深刻，分享給大家！

材料

鮭魚片…150g
蘆筍…1把
洋蔥…1/4顆
藜麥…40g
雞蛋…1顆
藍莓…30g
酪梨…1/4顆

〔鮭魚醃料〕

鹽…1小匙
黑胡椒…1小匙
檸檬…1/4顆

〔調味料〕

鹽…1小匙
黑胡椒…1小匙
橄欖油…1小匙

準備

1. 鮭魚片以醃料醃製，放置冷藏1～2小時。
2. 蘆筍洗淨並去除根部；洋蔥洗淨、切絲。
3. 酪梨剖半、去皮、去籽切片；藍莓洗淨。
4. 烤箱預熱至200℃。
5. 藜麥用冷水沖洗，以水和藜麥為1：1的比例放入電鍋，外鍋加1杯水，蒸至開關跳起（約40分鐘）。

作法

1. 將鮭魚片放在烤盤上，放入烤箱以200℃烤5～10分鐘。
2. 取出烤盤，放上蘆筍、洋蔥後，撒點鹽、黑胡椒、淋上橄欖油，同鮭魚一起放回烤箱，以180～200℃烤15分鐘左右。
3. 用等待空檔，煮一顆半熟蛋。在水中放入蛋後開大火，計時約7分鐘關火，再泡1分鐘後取出沖冷水，待冷卻即可剝殼切半。
4. 將烤好的鮭魚和蔬菜裝碗，加上煮好的藜麥和半熟蛋，放上藍莓、酪梨片擺盤即完成。

吃貨May說

蘆筍烤太久口感會變得太軟，也失去色澤，因此我建議先烤鮭魚數分鐘後再放入蘆筍一起烤，分別烘烤也可以。

檸香鮭魚排藜麥油醋沙拉

烤

這款巴薩米克蜂蜜油醋是我最喜愛搭配的沙拉醬汁，巴薩米克的風味非常高雅香醇，依個人喜好加入蜂蜜和檸檬汁增添風味，口味相當清爽。

材料

鮭魚片…150g
藜麥（紅藜＋黃藜）…60g
沙拉葉…80g
小番茄…6顆
小黃瓜…1/2條
黃檸檬…1/4顆

〔鮭魚醃料〕

鹽…1小匙
黑胡椒…1小匙
橄欖油…1小匙
黃檸檬…1/4顆
蒜末…1瓣的量

〔調味料〕

巴薩米克醋…1小匙
橄欖油…3小匙
蒜頭…1瓣
蜂蜜…1小匙
鹽…1小匙
黑胡椒…1小匙

準備

1. 鮭魚片洗淨以醃料醃製，放置冷藏1～2小時以上。
2. 藜麥用冷水沖洗，以水和藜麥為1：1的比例放入電鍋，外鍋加1杯水，蒸至開關跳起（約40分鐘）。
3. 烤箱預熱至180～200℃。
4. 洗淨所有的蔬菜。小番茄去蒂對半切；小黃瓜斜切成薄片。

作法

1. 醃製過的鮭魚放在烤盤上，放入烤箱以180～200℃烤約20分鐘。
2. 製作油醋沙拉醬：以醋：油＝1：3的比例，在小碗中加入巴薩米克醋和橄欖油，蒜頭切末，同蜂蜜、鹽、黑胡椒拌入，再用小湯匙拌勻。也可以擠點醃料剩下的黃檸檬汁。
3. 先擺上鮭魚，在旁邊以小番茄、小黃瓜片、黃檸檬片及沙拉葉作裝飾，撒上藜麥，放上油醋沙拉，食用前淋上即可。

健人May說

用加州黃檸檬醃製的鮭魚，風味更上一層樓！搭配自製的清爽巴薩米克油醋沙拉，適合想減脂的女性。

法式芥末鮭魚時蔬

這道料理是我在旅法時發現很多歐洲人喜歡吃的組合，烤魚配清爽蔬菜，在健人眼中，這樣的地中海飲食是非常優質的健身餐。

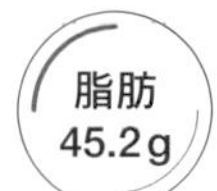

材料

鮭魚片⋯150g
蘆筍⋯1把
雞蛋⋯1顆
蒜頭⋯2瓣
皺葉萵苣⋯適量
南瓜⋯3片的量
紅椒⋯3片的量
黃椒⋯3片的量
杏鮑菇⋯1條

〔鮭魚醃料〕
鹽⋯1小匙
黑胡椒⋯1小匙
橄欖油⋯1小匙

〔蜂蜜芥末蒜醬材料〕
鹽⋯1小匙
黑胡椒⋯1小匙
橄欖油⋯1小匙
法國芥末籽醬⋯2小匙
無糖優格⋯40g
蒜頭⋯1瓣
蜂蜜⋯1小匙

〔調味料〕
鹽⋯1小匙
胡椒粉⋯1小匙

準備

1. 鮭魚片洗淨後用紙巾拭去水分，以醃料抓醃，靜置20分鐘以上。
2. 蘆筍洗淨並去除根部；沙拉葉洗淨；南瓜洗淨，切成薄片；紅、黃椒和杏鮑菇洗淨、切片。
3. 蒜頭切成蒜末。

作法

1. 準備一個平底鍋，以中小火熱鍋後，不需倒油，直接煎鮭魚，有皮的面朝下，上下面各煎2～3分鐘至金黃、左右面煎1～2分鐘，加入適量白酒，小火燜約3分鐘後起鍋。

   May's Tip 這邊使用的是不沾鍋，一般鍋具建議還是先加少許油再煎魚，以免黏鍋。

2. 鍋子洗淨後，以鮭魚的油脂用中小火煎蘆筍、南瓜、彩椒、杏鮑菇，加鹽和胡椒粉煎至兩面上色後，加少量水，蓋上鍋蓋燜2～3分鐘，即可起鍋備用。
3. 再水煮一顆半熟蛋，開大火約7分鐘後關火，泡1分鐘，再取出沖冷水，剝殼切半。
4. 製作蜂蜜芥末蒜醬：蒜頭切末，拌入所有材料。
5. 擺盤，鮭魚淋上蜂蜜芥末蒜醬，加入蘆筍、半熟蛋、皺葉萵苣，即完成。若覺得擺盤單調，可以烤一些彩椒、南瓜片及薄荷葉點綴。

健人May說

如果今天還有熱量扣打，這道很適合再搭配馬鈴薯泥。馬鈴薯加上鮮奶油，是增肌者的天然澱粉來源。鮮奶油也可以用牛奶取代，同樣增添濕潤口感。而用無糖優格製成的蜂蜜芥末蒜醬，可用於沙拉醬料，低卡又美味！

照燒鮭魚排飯 烤

用自製照燒醬汁醃製的鮭魚排味道濃郁，搭配清爽的水煮菜色，就是一道美味又健康的健身餐！

材料

鮭魚片…150g
秋葵…4根
玉米筍…4根
紫洋蔥…少量
雞蛋…1顆
糙米…1杯（150g）

〔鮭魚醃料〕
醬油…1大匙
蜂蜜…1小匙
清酒／米酒…2小匙
白胡椒粉…1小匙

準備

1. 鮭魚片洗淨瀝乾水分，抹上醃料均勻按摩，放置冷藏1～2小時以上。
2. 烤箱預熱至180～200℃。
3. 紫洋蔥洗淨後去皮、切細絲，泡冰塊水10～15分鐘，瀝乾水分備用。
4. 秋葵、玉米筍洗淨備用。
5. 糙米洗淨，內鍋以米：水為1：1.1比例，外鍋放1杯水，入電鍋蒸約40分鐘，取出1碗備用。

作法

1. 將鮭魚片放入烤箱，以180～200℃上下火烤20分鐘，至鮭魚呈金黃色即可取出。
2. 煮1小鍋沸水，加1小匙鹽巴（分量外），汆燙秋葵與玉米筍約3分鐘，撈起備用。
3. 煮半熟蛋：取一鍋冷水，放入蛋後開大火，計時約7分鐘關火，再泡1分鐘後取出沖冷水，等冷卻後剝殼切半。
4. 擺盤，飯上鋪照燒鮭魚排加冰鎮洋蔥絲，搭配水煮蔬菜和蛋，完成。

吃貨May說

照燒鮭魚排的醃製方法跟照燒雞腿一樣，由於醬油醃製物入鍋後容易變焦黑，所以不太建議用平底鍋煎。用烤箱烘烤最好吃也較美觀。

蒜香蝦仁酪梨蘋果沙拉

用蒜片爆香的煎炒蝦仁，蛋白質滿滿，搭配香氣濃郁的酪梨切片和蘋果塊，就是一道簡單又美味的沙拉碗！

材料

白蝦⋯180g
蘋果⋯1/4顆
酪梨⋯1/4顆
雞蛋⋯1顆
沙拉葉⋯80g
藜麥⋯40g
蒜頭⋯1瓣
新鮮迷迭香⋯1株

〔**白蝦醃料**〕
鹽⋯1小匙
胡椒粉⋯1小匙

準備

❶ 冷水沖洗藜麥，內鍋加入水和藜麥1：1比例的水，放入電鍋，外鍋倒1杯水，蒸至開關跳起（約40分鐘）。
❷ 白蝦退冰後去頭剝殼，並以冷水充分洗淨，抹上鹽、胡椒粉抓醃，靜置10～15分鐘備用。
❸ 蒜頭切片；迷迭香洗淨去硬梗。
❹ 沙拉葉洗淨；蘋果洗淨、切塊；酪梨洗淨、去皮及籽，剖半後切片。

作法

❶ 準備一個平底鍋，加1匙橄欖油（分量外），轉中火用蒜片爆香。
❷ 放入蝦子，煎至蝦子兩面上色，加迷迭香增添香氣，熟後取出備用。
❸ 煮一鍋水，放入1顆蛋並開大火，計時約7分鐘後關火，泡1分鐘，取出沖冷水，剝殼切半。
❹ 在碗中擺入沙拉葉、蝦子、蘋果塊、半熟蛋、酪梨片和藜麥，完成！

健人May說

新鮮蝦仁的處理方式比較耗時，市售有賣真空包裝的冷凍蝦仁，可以節省許多時間，稍微調味、煎炒一下，就是優質的蛋白質來源。

檸檬蒜烤鮮蝦 烤

重口味的羅勒烤鮮蝦非常下飯，搭配高纖烤蔬菜和水煮花椰菜，就是一碗合格的健身碗！

材料

蝦仁…200g
紅椒…1/4顆
黃椒…1/4顆
洋蔥…1/4顆
青花菜…1/2朵
白米…1杯（150g）

〔蝦仁醃料〕
鹽…2小匙
黑胡椒…2小匙
檸檬…1/2顆
蒜末…4瓣的量
紅椒粉…2小匙
羅勒葉…2小把
橄欖油…2大匙

準備

1. 羅勒葉、迷迭香洗淨切碎，和醃料的所有材料一起放入碗中，以小湯匙混合。
2. 白米洗淨，內外鍋各1杯水，入電鍋蒸約40分鐘，取1碗備用。
3. 將蝦仁以一半的醃料醃製10～15分鐘。
4. 烤箱預熱至180～200℃。
5. 彩椒洗淨去蒂及籽，洋蔥去皮，均切塊；青花菜洗淨去皮、切小朵。

作法

1. 準備烤盤，放上彩椒、洋蔥、醃製過的蝦仁，再淋剩下的一半蝦仁醃料，放入預熱好的烤箱，以180～200℃烤約15分鐘，至蝦仁呈金黃色。
2. 等待的空檔，煮一鍋水，加入少許鹽，汆燙青花菜約3分鐘後撈出。
3. 取出烤箱的蝦仁及蔬菜，鋪到白飯上，再搭配青花菜，完成！

吃貨May說

一般我們常說的羅勒多指甜羅勒，但其實九層塔也是羅勒的一種，買不到時可以相互替代，只是九層塔的口感較澀。羅勒具抗氧化功效，又有特殊香氣，當作調味料可使料理香氣更上一層樓！

鯛魚香菇糙米粥 煮

加入滿滿纖維和蛋白質的蔬菜糙米粥，營養豐富、口味清甜，飽足感十足！

蛋白質 44.8g

醣類 55.4g

脂肪 12.3g

材料

鯛魚片…180g

紅蘿蔔…1/2條

乾燥香菇…2朵

青花菜…1/2顆

蒜頭…1～2瓣

薑…1片

蔥…1根

糙米…1/2碗（90g）

雞蛋…2顆

〔調味料〕

麻油…少許

鹽…適量

醬油…1匙

胡椒粉…適量

準備

1. 乾燥香菇泡水半小時後擰乾、切絲，香菇水留著備用。
2. 糙米洗淨，泡水10～15分鐘，煮前倒掉水分。
3. 薑片切絲；蔥切成蔥花；蒜頭去外皮。
4. 紅蘿蔔洗淨削皮，切成細絲。
5. 青花菜洗淨去皮、切小朵。
6. 2顆雞蛋打入碗中，均勻攪拌。

作法

1. 平底鍋倒少許麻油，轉中火放薑絲和香菇絲爆香後，下紅蘿蔔絲、青花菜拌炒。
2. 接著再倒入糙米，加水（分量外）、1匙醬油和香菇水至淹過米的高度，放入蒜頭，燉煮約30分鐘。
3. 起鍋前加入鯛魚片、蛋液，繼續燉煮約5分鐘至魚片和蛋液變白，撒點鹽、胡椒粉拌一拌。
4. 直接起鍋，撒上蔥花，完成。

吃貨*May*說

天氣微涼時最適合吃粥了，以薑絲炒香蔬菜，加入喜歡的蛋白質和糙米一起燉煮，健康的晚餐簡單KO！

鹽味鯖魚佐毛豆炒蛋 烤

美味的薄鹽烤鯖魚，油脂逼人，搭配我的懶人私房料理——毛豆炒蛋，加上清爽沙拉葉和糙米飯，我就喜歡這樣吃！

材料

鯖魚片…1片
毛豆仁…50g
雞蛋…2顆
紅椒…少許
黃椒…少許
沙拉葉…30g
紫洋蔥…少許
糙米…1杯（150g）

〔調味料〕

檸檬…1/4顆
鹽…1小匙
胡椒…1小匙
日式和風醬…1小匙

準備

1. 鯖魚片退冰以冷水洗淨，用廚房紙巾拭去水分。
2. 將2顆蛋打入碗中，加入適量的鹽、胡椒調味，攪拌均勻成蛋液。
3. 沙拉葉洗淨、瀝乾水分；紅黃椒洗淨、切絲。
4. 毛豆仁洗淨；紫洋蔥去皮、切絲，泡冰水去腥。
5. 糙米洗淨，內鍋以米：水為1：1.1比例，外鍋放1杯水，入電鍋蒸約40分鐘，取出1碗備用。
6. 烤箱預熱至180～200℃。

作法

1. 將鯖魚片放在烤盤上，擠點檸檬汁，放入烤箱以180～200℃烤約15～20分鐘。
2. 煮一鍋水，加1小匙鹽巴，汆燙毛豆仁約3分鐘後撈出備用。
3. 在平底鍋倒1匙油（分量外），先用中火拌炒毛豆仁，再倒入蛋液，炒至蛋八分熟，撒點胡椒粉，即可起鍋。
4. 鯖魚加上毛豆炒蛋、沙拉葉、彩椒和紫洋蔥，淋上日式和風醬，搭配糙米飯，超滿足的一餐！

健人May說

這款毛豆炒蛋我常常拿來當作懶人早餐，由於毛豆蛋白質、纖維皆非常豐富，適合健身者。許多市場攤販會直接販賣一大包去殼毛豆，可以先大量水煮後放置冷藏，早上直接取出炒蛋，快速、簡單又美味！

九層塔花枝烘蛋 炒＋烤

中式與西式合併的九層塔花枝烘蛋，是我偶然做出的料理，味道出乎意料的好！適合拿來當作全家一起享用的家常菜，也可以自己配碗白飯，大快朵頤！

材料

花枝…150g
雞蛋…3顆
洋蔥…1顆
薑…1片
九層塔…1把
辣椒…1/2根

〔調味料〕

鹽…適量
黑胡椒…適量
米酒…2小匙
蠔油…2小匙
醬油…1小匙
糖…適量

準備

1. 洋蔥洗淨，去皮、切絲；辣椒洗淨、切斜片。
2. 花枝洗淨，切成易入口大小。
3. 將3顆蛋打入碗中，加入適量鹽、黑胡椒打勻成蛋液。
4. 烤箱預熱至200℃。

作法

1. 煮一鍋滾水，加1小匙米酒、薑片，放入花枝，汆燙約2～3分鐘後撈起備用。
2. 準備一個平底鍋，以中火熱鍋，加1匙橄欖油（分量外）、洋蔥絲，炒至洋蔥絲呈透明。
3. 接著下花枝拌炒，加入蠔油、醬油、1小匙米酒、糖，炒至花枝熟透、轉白即可。
4. 最後放入九層塔和辣椒，以中大火快速拌炒，再倒入蛋液，用木鏟由外往內畫圈，蛋液呈7-8分熟時，即可關火。
5. 整鍋入烤箱烤10分鐘，即完成。

吃貨*May*說

平底鍋建議使用可入烤箱的耐熱鍋。若想追求更極致美味的口感，可於表面撒點乳酪絲，再放入烤箱烤，味道更讚！

酪梨鮪魚蛋沙拉

利用超商就有販賣的鮪魚罐頭製作高蛋白沙拉醬，加入酪梨泥和水煮蛋碎，優質脂肪和蛋白質含量破錶！

材料

沙拉葉…80g
小黃瓜…1/2條
小番茄…6顆

〔**酪梨鮪魚蛋白醬材料**〕
洋蔥…1/2顆
酪梨…1/2顆
鮪魚罐頭…1罐（100g）
雞蛋…2顆
檸檬…1/4顆
鹽…1小匙
黑胡椒…1小匙

準備

1. 沙拉葉洗淨，擦拭水分。
2. 小黃瓜洗淨、斜切成薄片；小番茄洗淨、去蒂、對切。
3. 洋蔥洗淨，去皮、切小丁，泡冰水去嗆味。
4. 酪梨剖半去籽及皮，以叉子壓成泥。

作法

1. 製作酪梨鮪魚蛋白醬：蛋以滾水煮10分鐘，煮至全熟後，取出剝殼並壓碎。將罐頭鮪魚拌入水煮蛋碎、酪梨泥、洋蔥丁，擠入檸檬汁，加入鹽、黑胡椒，完成拌醬。

   May's Tip 鮪魚罐頭可以挑選水煮的產品，使用前先瀝掉多餘水分，較健康！

2. 將沙拉葉、小黃瓜、小番茄拌入酪梨鮪魚蛋白醬，擺盤即可。

吃貨*May*說

這款沙拉醬是我自己發想出來的，由於酪梨容易氧化，建議及早食用完畢。沒有酪梨的時候，我也會用1大匙無糖優格取代，雖然沒那麼美味，但比起外面加了滿滿美乃滋的鮪魚醬，這樣的抹醬健康、清爽許多。

泰式酸辣海鮮沙拉 煮

份量十足的汆燙花枝，淋上自製的泰式酸辣醬，搭配大量纖維，適合無法割捨重口味又注重健康的你！

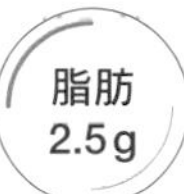

材料

花枝…200g
紅椒…1/4顆
黃椒…1/4顆
紫洋蔥…1/4顆
小番茄…8顆
酪梨…1/2顆
薑…1片
米酒…1小匙
生菜…30g
芝麻葉…適量

〔泰式風味淋醬材料〕
泰式酸辣醬…1大匙
魚露…1大匙
糖…1大匙
檸檬…1/2顆
蒜末…2瓣的量
紅辣椒…1小條
香菜…適量

準備

1. 花枝洗淨，切成易入口的大小。
2. 紅黃椒洗淨、去籽切絲；小番茄洗淨、切半。
3. 紫洋蔥去外皮後，泡冰水10～15分鐘去嗆味，切細絲備用。
4. 酪梨切半剖開後去皮，再切成片。
5. 淋醬用的蒜頭、紅辣椒、香菜洗淨並切末備用。

作法

1. 製作泰式風味淋醬：攪拌均勻所有材料，並擠入檸檬汁。
2. 滾水加入薑片和米酒，再放入花枝汆燙至熟。撈出後泡冰水，切成小片。
3. 碗中放入生菜、花枝片、彩椒絲、紫洋蔥絲、番茄、酪梨，淋上泰式風味淋醬，即完成。

健人May說

雖然很多人認為健身者的飲食應該清淡，但研究顯示，辣椒可以刺激交感神經，尤其是紅辣椒裡面的辣椒素，能夠加速熱能合成，活化肝臟裡面分解脂肪的酵素，是很好的減肥食材，但宜搭配低卡食物。海鮮恰好熱量低又富蛋白質，這道料理就是極佳示範！

COLUMN 3
我最常選擇的沙拉葉TOP8

沙拉葉的學問很大！台灣常見的沙拉葉有蘿蔓、萵苣，其他種類則較難購得，價格也頗昂貴。我習慣在濱江市場的生菜沙拉專賣店購買，有各式各樣的款式很齊全。我特別喜歡綠橡、紅橡、波士頓葉、綠火焰、蘿莎，各買一株，擺盤時有紅的、綠的，怎麼搭配都很好看。較常見的蘿蔓葉和萵苣我會在好市多或一般超市購買。芝麻葉和貝比生菜在微風超市、Jason's也都有。

下面就來介紹8款沙拉葉，讓大家更認識也都能選擇自己喜愛的！

❶ 綠橡/紅橡

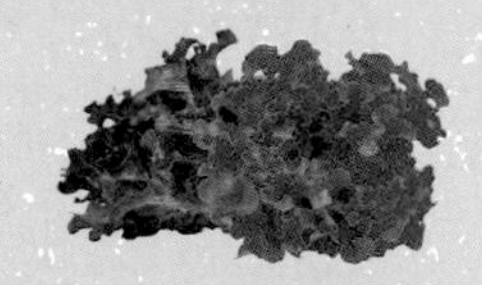

葉片嫩綠、光滑，口感清甜。是我最喜歡的沙拉葉種，擺起來漂亮，也易入口。

❷ 波士頓葉

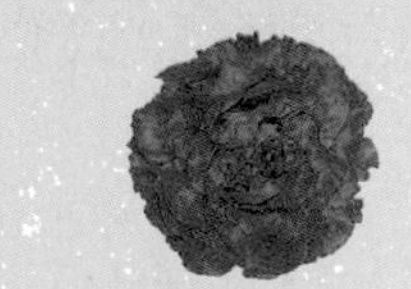

俗稱奶油生菜，有種淡淡的香甜且口感軟嫩。

❸ 綠（火）焰

深綠色葉片，葉緣呈尖細鋸齒狀，似火焰。味道較為苦澀，所以其實我沒有很喜歡，但為了擺盤的豐富性，還是會購入。

❹ 蘿莎

紫葉萵苣的新品種，一整株看起來圓正美觀，葉片邊緣呈紫紅色，並帶有皺褶。蘿莎就如同其名，外觀美麗高雅，味道也很清甜。

❺ 蘿蔓葉

屬常見的生菜，各大超市都買的到，口感清脆、水分多，很適合拿來包肉。

❻ 萵苣

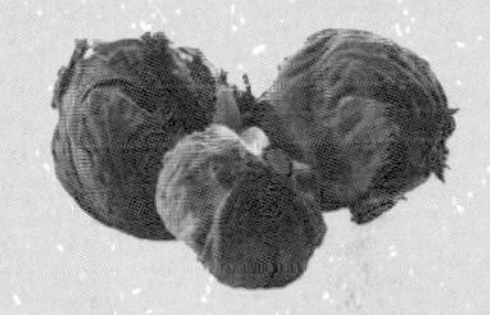

萵苣種類非常多，其中蘿蔓萵苣、奶油萵苣、結球萵苣較適合生吃。

❼ 芝麻葉

嫩葉，帶有特殊香氣和些微苦澀。搭配三明治、沙拉、披薩、麵食及海陸主食都很合適。

❽ 貝比生菜

從播種到採收期，只有短短20～25天的幼苗嫩葉，保留住高營養價值及清脆口感，能充分補充礦物質及維生素。

▲ 我推薦的濱江市場生菜沙拉專賣店

牛肉料理

今天換換口味來去大口吃牛肉！牛肉除了也有豐富蛋白質，其中的「鋅」、「鎂」更有助促進肌肉生長，「鉀」和「維生素B12」則能加速身體新陳代謝，同時提供身體進行高強度訓練時所需的能量，很適合正在努力健身、增肌的你。不論是牛丼或牛小排，都試著自己料裡看看！絕對比外面賣的還要美味、營養又健康。

牛小排四季豆馬鈴薯沙拉

牛排是極佳的蛋白質來源！在家也能煎出五星級牛小排，搭配份量十足的高纖蔬菜，絕對是訓練後最棒的犒賞。

材料

牛小排…180g
四季豆…1把
紫洋蔥…少許
小番茄…3～5顆
小黃瓜…1/2條
有鹽奶油…1小塊
混合堅果…適量
馬鈴薯…中型1顆
蒜頭…1瓣
芝麻葉…1小把

〔牛小排醃料〕

鹽…1小匙
黑胡椒…1小匙

〔調味料〕

新鮮百里香…2株
鹽、黑胡椒…適量

準備

❶ 牛小排以醃料按摩靜置約5～8分鐘。

May's Tip 若是冷凍的牛小排，需先等完全退冰後再醃製。

❷ 紫洋蔥洗淨、去皮後切絲，泡冰水去辛辣味。

❸ 小番茄洗淨、去蒂、對半切；小黃瓜洗淨、斜切成薄片。

❹ 四季豆洗淨、去頭尾後對半切。

❺ 馬鈴薯洗淨削皮，滾刀切大塊；芝麻葉洗淨。

❻ 蒜頭切片。

作法

❶ 中火熱平底鍋至高溫冒煙後，加1小匙橄欖油（分量外）均勻分佈，再放入牛小排。

❷ 轉中大火並煎其中一面約40秒～1分鐘後，翻面放入有鹽奶油、新鮮百里香和蒜片增添香氣。接著再轉成中火，煎至喜好的熟度。

❸ 起鍋後，將牛小排斜切至易入口的大小備用。

May's Tip 牛小排起鍋後，可以先用鋁箔紙包住，靜置5～8分鐘後再切，這樣能避免肉汁流出，鎖住原味。

❹ 用留有肉汁的平底鍋炒四季豆，開中大火炒熟，起鍋備用。

❺ 滾水煮馬鈴薯並加1小匙鹽巴，約10～15分鐘後再下平底鍋煎，撒少許鹽、黑胡椒，加一點奶油（分量外）煎到上色。

❻ 所有材料盛盤，最後以堅果碎點綴即完成。

May's Tip 可以另外調製橄欖油加胡椒、鹽、檸檬汁，淋在沙拉上增添風味。

吃貨May說

要把牛排煎得好吃並不容易！要訣是「煎熟而非煮熟」-By Gordon Ramsay（戈登・拉姆齊）。熱鍋後再下牛肉，表面煎至微焦，中間還保有肉汁最好吃。牛排的選擇也很重要，肉質好怎麼煎都好吃！

蘆筍骰子牛丼 煎

丼飯在家也能自己動手做！骰子牛配蘆筍是十分創新的組合。快炒醬燒牛排塊，搭配一顆誘人的半熟蛋，光用看的就口水直流。

材料

牛排…200g（建議油脂豐厚的菲力牛排）
蘆筍…1把
有鹽奶油…適量
糙米…1杯（150g）
蛋…1顆
蒜頭…1瓣

〔調味料〕
醬油…1小匙
糖…適量
鹽…適量
黑胡椒…適量
米酒…1小匙

準備

❶ 洗淨糙米，內鍋加入米：水為1：1.1比例的水，外鍋倒1杯水，入電鍋蒸約40分鐘，等開關跳起後再燜15分鐘。

❷ 牛排切成易入口的骰子塊狀。

❸ 蘆筍削皮去根部，對半切成長段；蒜頭切片。

作法

❶ 準備一個平底鍋，中大火熱鍋後加入奶油，蒜片爆香，再放牛排塊。加點醬油，撒上糖、鹽、黑胡椒、米酒，煎炒至7～8分熟，取出備用。

❷ 洗淨鍋子，熱鍋後放入蘆筍，再加入奶油塊和少量的水（分量外）。奶油融化後再加鹽，煎至蘆筍軟化即可起鍋。

❸ 在一鍋冷水中放入雞蛋，開大火煮約7分鐘後關火，泡1分鐘，取出沖冷水冷卻，再剝殼對切。

❹ 糙米飯擺上骰子牛、蘆筍，健人版丼飯完成。

吃貨*May*說

煎牛排時加入適量的糖，可製造出甜甜的醬燒口味。喜歡原味的，也可以只加鹽、黑胡椒調味喔！

日式壽喜燒彩椒牛丼

創意的壽喜燒彩椒牛丼，搭配一點綠葉，增加纖維量。自製的壽喜燒牛肉簡單美味，非常下飯。

材料

火鍋牛肉片…180g
洋蔥…1/4顆
紅椒…1/4顆
黃椒…1/4顆
雞蛋…1顆
沙拉葉…50g
糙米…1杯（150g）
蒜頭…2瓣
蔥…1/2根

〔日式醬汁用料〕
日式醬油…1大匙
米酒…10cc
味霖…1小匙

〔調味料〕
黑胡椒…適量

準備

1. 去蒂去籽彩椒和去皮洋蔥皆洗淨、切成絲。
2. 蒜頭切片；蔥切蔥花。
3. 沙拉葉洗淨，擦乾多餘水分。
4. 糙米洗淨後，內鍋加入米：水為1：1.1比例的水，外鍋放1杯水，入電鍋蒸約40分鐘，等開關跳起再燜15分鐘。

作法

1. 調配日式醬汁：在碗中加入日式醬油、米酒、味霖，以日式醬油：米酒：味霖=3：2：1的比例調配，可另外加少量的水，混合後備用。
2. 熱鍋後倒1小匙橄欖油（分量外），以蒜片爆香，加入牛肉片轉中火拌炒至7～8分熟。
3. 接著再倒入調好的日式醬汁，轉小火燉煮約3～5分鐘，加點黑胡椒調味，盛起備用。
4. 用鍋中剩下的醬汁拌炒洋蔥絲與彩椒絲。
5. 另煮一小鍋水，水滾後用湯匙快速在鍋中繞出一個小漩渦，打入雞蛋煮成水波蛋備用。
6. 在碗中鋪上沙拉葉，盛一碗糙米飯，擺上蔬菜、牛肉片和水波蛋，撒上蔥花，即完成。

吃貨May說

自製的壽喜燒醬料也很適合拿來在家煮壽喜燒鍋，只要掌握醬料比例，煮什麼料都好吃，拿來招待客人也非常適合！

法式紅酒燉牛肉 煮

紅酒燉牛肉是法式的經典佳餚，作法大同小異，我示範的食譜屬簡易版，很適合料理新手小試身手，味道高雅而美好。

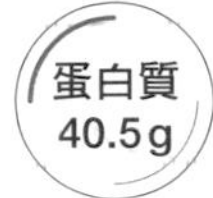

材料

牛肋條…200g
洋蔥…1/2顆
馬鈴薯…中型2顆
紅蘿蔔…1/2條
大番茄…2顆
蒜頭…1-2瓣
有鹽奶油…20g
紅酒…200cc
雞高湯…200cc
高筋麵粉…少量
糙米…1杯（10g）
月桂葉…適量
迷迭香…1枝

〔牛肋條醃料〕
鹽…1小匙
黑胡椒…1小匙

準備

❶ 牛肋條切大塊，再以醃料抓醃，冷藏靜置1～2小時以上。

❷ 所有蔬菜洗淨。洋蔥去皮，大番茄去蒂、切大塊。馬鈴薯、紅蘿蔔去皮後用滾刀切大塊

❸ 糙米洗淨後，內鍋放入米：水為1：1.1比例的水，外鍋放1杯水，入電鍋蒸約40分鐘，待開關跳起後，再燜15分鐘。

作法

❶ 將牛肉均勻沾上高筋麵粉，準備一個平底鍋，倒1匙橄欖油（分量外）後，下牛肉轉中大火煎炒至八分熟，取出備用。

❷ 同一鍋子，以洋蔥塊、蒜頭爆香後，加入馬鈴薯塊、紅蘿蔔塊和迷迭香，拌炒至表面呈金黃色，並加入奶油增加香氣。

❸ 最後再加入紅酒、雞高湯、大番茄塊、牛肉塊、月桂葉，用小火燉煮約1.5～2小時，以鹽、黑胡椒調味，盛出後以迷迭香點綴即可。

May's Tip 雞高湯可以買市售的，但更建議有空在家自己熬煮，較新鮮、無負擔。

吃貨May說

燉牛肉就像咖哩一樣，放到隔天味道更香醇！建議大家可以一次煮一大鍋，冷藏數日，分天享用。

COLUMN 4

挑選酪梨小祕訣 × 食譜再加碼 

認識我的人都知道，我是個超級酪梨愛好者！酪梨也正是我的健身餐中，不可或缺的食材。而很多人可能還是對挑選和烹調酪梨有些陌生，下面我就來做更詳細的分享。

（1）進口酪梨vs台灣酪梨

外國進口的酪梨多來自墨西哥，小顆圓圓的，外皮較粗糙，口感濃郁，很適合直接吃。台灣的酪梨則較大顆，剖開的顏色偏黃，味道上相較於進口的沒有那麼濃郁，但價格相對平實一點，適合打果汁飲用。我通常會在濱江、Costco、 Jasons、頂好超市購買。

（2）酪梨可以吃了嗎？

如果酪梨外皮呈綠色，代表尚需3～5天才成熟，建議放置室溫，等待熟了再放進冰箱。若外皮為紫黑色，代表已經成熟，可以用手壓一壓，有點軟的建議在1～2天內食用完畢，如果沒有要立即吃，可以放冰箱冷藏。所以，要挑選一週的酪梨份量時，建議買兩顆綠的，一顆紫黑色的。

（3）如何挑選命中注定的酪梨？

對我來說，挑選酪梨就像挑選情人一樣，圓圓胖胖、感覺比較飽滿的，會讓我有一種「啊！就是它了！」的命中注定感。如果剖開來是黑色的，會讓我很傷心。市面上有些不肖業者為了延長酪梨保存期間，會將酪梨事先冷凍過，所以表面雖然呈綠色，裡面卻爛掉了，要特別留心。

▲ 到國外去，也要有酪梨相隨。

酪梨的料理方法非常多，下面分享4道我常使用的簡易、快速食譜

1 太陽蛋酪梨醬吐司

❶打1顆蛋在碗中，平底鍋倒少許油，以中小火熱鍋後倒入蛋，蛋的底部熟後轉小火，蓋上鍋蓋燜約1～2分鐘，表面蛋白由透明轉白時，即可撒點鹽、胡椒粉調味，起鍋備用。完成半熟太陽蛋！
❷半顆酪梨去核去皮，壓成泥，拌1小匙鹽、黑胡椒、紫洋蔥丁、番茄丁、適量檸檬汁，以小湯匙拌勻，完成酪梨醬。
❸在烤得酥脆的吐司上均勻塗抹自製酪梨醬，擺上半熟太陽蛋，完成！

2 水波蛋酪梨醬吐司

❶煮一小鍋水，沸騰後轉至最小火，水不再冒泡時，用湯匙在中心製造一個漩渦，打1顆蛋，將蛋滑進漩渦，等待約2分鐘撈起，完成水波蛋。
❷半顆酪梨去核，用小叉子壓成泥，拌入洋蔥丁、蕃茄丁、適量檸檬汁、鹽和黑胡椒，均勻塗抹於烤得酥脆的吐司上，放上水波蛋，完成。

3 水煮蛋酪梨吐司

❶煮1顆半熟水煮蛋（可參考P.39作法❷）。
❷在烤得香酥的吐司上隨意擺放水煮蛋片、酪梨切片，撒上數片芝麻葉和捏碎的菲達乳酪，完成。

4 燻鮭魚酪梨炒蛋吐司

❶2顆蛋打入碗中，加20cc牛奶、適量鹽和胡椒粉打勻成蛋液。
❷準備一個平底鍋，加少許油後倒入蛋液，用木匙由外而內劃圈，拌炒蛋液至八分熟，起鍋備用。
❸在吐司上依序擺放酪梨切片、炒蛋、醃燻鮭魚，撒上芝麻葉，完成。

豬肉料理

健身者在補充蛋白質時，多會傾向選擇雞肉或牛肉，但豬肉若不是吃過肥的部位，一樣不需太忌口。豬肉內豐富的維生素B，能提供運動所需的能量。肉類以雞、魚為主，牛、豬為輔，也是我個人的飲食習慣。

日式薑燒豬肉丼 煮

這道作法是參考masa老師的youtube影片（薑燒豬肉丼食譜）。我自己在家動手試做，真的非常好吃，推薦給大家！

材料

豬肉片…180g
洋蔥…1/2顆
雞蛋…1顆
小番茄…6顆
小黃瓜…1/2條
糙米…1杯（150g）
沙拉葉…適量

〔豬肉醃料〕
蜂蜜…適量
薑泥…適量

〔調味料〕
水…50～60cc
清酒/米酒…1小匙
醬油…1大匙

準備

❶ 糙米洗淨後，內鍋加入米：水為1：1.1比例的水，外鍋倒1杯水，入電鍋蒸約40分鐘。

❷ 豬肉片切成一口大小，放入薑泥、蜂蜜均勻按摩，醃製20分鐘以上，備用。

❸ 所有蔬菜洗淨。洋蔥去皮、切絲，小黃瓜斜切成薄片。

作法

❶ 準備一個平底鍋，加入少量油（分量外）、米酒，再放入洋蔥絲，炒至洋蔥變軟，呈透明色。

❷ 接著加入水、清酒、醬油，水滾後放入肉片，以小火燉煮約5～10分鐘，即可起鍋。

❸ 另外煮一小鍋水，煮至水冒泡後關小火，用湯匙製造一個漩渦，將蛋打入碗中後滑進漩渦中心，煮約2分鐘，即完成水波蛋。

❹ 碗中先鋪入沙拉葉，再放入白飯鋪上豬肉片、洋蔥絲、水波蛋，以小黃瓜片和小番茄增添擺盤配色，美味上桌！

吃貨*May*說

這道料理的豬肉也可改成牛肉，兩款都很好吃！

松阪豬泰式沙拉 煎

煎得金黃的松阪豬，淋上自製泰式醬，清爽又開胃！

材料

松阪豬肉片…180g
高麗菜…1/4顆
小番茄…6顆
雞蛋…1顆
糙米…1杯（150g）

〔泰式醬汁材料〕
泰式甜辣醬…1大匙
魚露…1大匙
檸檬…1/4顆
紫洋蔥…1/4顆
辣椒…1小條
蒜頭…2瓣
香菜…適量

〔調味料〕
鹽…1小匙
米酒…適量

準備

❶ 所有蔬菜洗淨。高麗菜切絲、小番茄去蒂，對半切。醬汁用的紫洋蔥切丁，辣椒、香菜、蒜頭切碎末。

❷ 糙米洗淨後，內鍋放入米：水為1：1.1比例的水，外鍋放1杯水，入電鍋蒸約40分鐘，待開關跳起後，再燜15分鐘。

作法

❶ 製作泰式醬汁：在碗中加入泰式甜辣醬、魚露，擠入檸檬汁，拌紫洋蔥丁、辣椒末、香菜末、蒜末，均勻攪拌即完成。

❷ 準備一個不沾平底鍋，放入松阪豬肉片，不用放油，以中火慢煎。

❸ 煎到呈微焦黃的狀態後後翻面，從鍋邊淋入米酒，再蓋上鍋蓋燜約3分鐘至熟後，打開鍋蓋加點鹽，取出備用。

❹ 煮半熟蛋：準備一鍋水，放入雞蛋後開大火煮7分鐘，關火浸泡1分鐘取出沖冷水，剝殼切半。

❺ 將松阪豬肉片、高麗菜絲、小番茄淋上醬汁，搭配白飯和半熟蛋，即完成。

吃貨*May*說

我個人比較少吃豬肉，但松阪豬對我有種莫名的吸引力，很難抗拒。帶有嚼勁的口感和豐富油脂，實在太讚了。

COLUMN 5

早上來份蛋！我的創意蛋料理分享

我早上通常會吃三個蛋，不僅先補充一定份量的蛋白質（避免中午、晚上亂吃），飽足感也會延長比較久。除了水煮蛋，其實還有許多料理蛋的方式，讓早餐吃得澎湃又健康！下面就推薦4道我的自創蛋料理。

1 巴西里火腿起司酪梨歐姆蛋

材料

雞蛋…3顆
洋蔥…1/2顆
火腿片…1片
酪梨…1/2顆
生菜…30克
小黃瓜…1/2根
小番茄…6顆
鹽…適量
黑胡椒…適量
巴西里碎片…適量

作法

❶ 蛋全數打入碗中，加點鹽、黑胡椒、巴西里碎片，打勻成蛋液。
❷ 洋蔥切丁，準備平底鍋炒洋蔥至金黃，再倒入蛋液，鋪平成圓形，待蛋約7分熟時，放上火腿片，由外向內將蛋捲成半月狀。
❸ 酪梨切片擺放在蛋上，完成。可加點生菜、小黃瓜切片、小番茄做擺盤點綴。

2 炒洋蔥起司雞佐半熟雙蛋

材料

雞胸肉…1片（180g）
洋蔥…1/2顆
雞蛋…2顆
乳酪絲…適量
鹽…適量
黑胡椒…適量
七味粉…適量

作法

❶ 雞肉切塊，以鹽、黑胡椒抓醃。
❷ 洋蔥切絲。小平底鍋上倒1匙油，用中火炒洋蔥絲和雞胸肉至洋蔥變色、雞肉8～9分熟時，打入2顆蛋，撒點乳酪絲，轉小火燜5～7分鐘，蛋半熟時（蛋白變白色）起鍋。
❸ 撒上七味粉，完成。再配片全麥吐司，超滿足！

3 西班牙蔬食酪梨烘蛋

材料

雞蛋…3顆
洋蔥…1/4顆
紅椒…1/2顆
黃椒…1/2顆
綠櫛瓜…1/2條
酪梨…1/2顆
乳酪絲…適量
鹽…適量
黑胡椒…適量

作法

❶ 預熱烤箱至180℃。
❷ 蛋全數打入碗中，加點鹽和黑胡椒打勻成蛋液。
❸ 洋蔥、彩椒、綠櫛瓜洗淨並切丁。準備小平底鍋或鑄鐵鍋，倒1匙橄欖油，用中火炒蔬菜丁，加點鹽和黑胡椒調味，炒軟後再倒入蛋液，用木匙拌炒至蛋約七分熟，起鍋移至烤箱。
❹ 以180℃烤約6～8分鐘，蛋表面微澎後取出。
❺ 酪梨去皮、去核切片擺在蛋上，撒點乳酪絲，繼續入烤箱烤至乳酪融化（約2～3分鐘），完成。

4 台式鮪魚蛋捲

材料

雞蛋…3顆
蔥…1/2根
鮪魚罐頭…100g
起司片…1片
鹽…適量
胡椒粉…適量

作法

❶ 蔥切蔥花。蛋全數打入碗中，加蔥花、鹽、胡椒粉打勻成蛋液。
❷ 平底鍋倒少許油，以中火熱鍋，加入蛋液，搖晃鍋柄使蛋液均勻分佈在鍋中，不再流動。
❸ 在蛋液中心擺上起司片、鮪魚，靜置20秒至起司融化。
❹ 用筷子將蛋皮兩側向內折，包起呈蛋捲狀後翻面，等15秒起鍋。切片食用，健人版蛋餅完成！

PART 3【實作篇❷】

吃貨暴走超滿足邪惡餐！

獨創西式料理&甜點

更多風貌的健身餐，三明治、貝果、奶昔，
換換口味也別忘了高蛋白和高纖

除了一碗料理，漢堡、貝果、捲餅也能搖身一變成為健康餐點。大口咬下，不僅營養素和熱量充足，味蕾和身心靈也大滿足！簡單包起來就能帶著走的西式料理，很適合忙碌的上班族、學生，趕場中也別放棄May的健身餐，用無法無天的滿滿蛋白質和纖維，為每天的生活增添元氣吧！

優格咖哩雞酪梨捲餅 烤

咖哩風味的優格雞，吃起來軟嫩多汁，搭配口感濃郁的酪梨醬和清爽高麗菜絲，捲起來就能帶出門！

材料

雞胸肉…1片（150g）
捲餅皮…1片
高麗菜…1/4顆
生菜…30g

〔**雞胸肉醃料**〕
鹽…1小匙
黑胡椒…1小匙
無糖優格…1大匙
咖哩粉…1大匙
紅椒粉…1小匙
檸檬…1/4顆
橄欖油…1小匙

〔**白煮蛋碎酪梨醬材料**〕
雞蛋…2顆
酪梨…1/2顆
大番茄…1/2顆
紫洋蔥…1/4顆
檸檬…1/4顆
鹽…適量
胡椒粉…適量

準備

1. 雞胸肉斜切成薄片，抹上醃料按摩均勻，建議放置冷藏1～2小時以上。
2. 高麗菜切絲，加入適量的鹽（分量外）抓醃，靜置10～15分鐘後，瀝乾水分。
3. 生菜洗淨，擦乾水分。
4. 醬料用的酪梨剖半、去核和外皮後壓成泥；大蕃茄、紫洋蔥洗淨，切小丁。
5. 烤箱預熱至180～200℃。

作法

1. 將雞胸肉放在烤盤上，入烤箱以180～200℃烤約15～20分鐘。
2. 製作白煮蛋碎酪梨醬：以滾水煮2顆雞蛋至全熟（約10分鐘），剝殼切碎後拌入酪梨泥、蕃茄丁、紫洋蔥丁，再加入鹽、胡椒，擠入檸檬汁。
3. 捲餅皮用平底鍋加熱至微脆（可加少許油也可不加），放上雞胸肉、高麗菜絲、生菜和酪梨醬後捲起，健康捲餅完成。

吃貨*May*說

捲餅的風氣好像越來越盛行了，加入滿滿自己喜愛的內餡，方便帶著走，運動完可以立即享用！

花生醬厚蛋腿排貝果

貝果控絕對無法抗拒！香氣迷人的照燒腿排配上超厚奶香玉子燒，抹上滿滿花生醬，誰能比我更暴走！

材料

無骨雞腿排…1塊（150g）
雞蛋…2顆
牛奶…20cc
貝果…1個
May's Tip 推薦歐嬤德式烘焙的高蛋白貝果
沙拉葉…30g
小番茄…6顆

〔**雞腿肉醃料**〕
蜂蜜…1小匙
醬油…1大匙
米酒…1/2大匙
黑胡椒…1小匙

〔**調味料**〕
低糖花生醬…10g
鹽…適量
黑胡椒…適量

準備

1. 雞腿排去皮後，以醃料按摩均勻，冷藏一夜。
2. 烤箱預熱至180～200℃。
3. 將蛋打入碗中，加入牛奶、鹽、黑胡椒並打勻成蛋液。
4. 沙拉葉、小番茄均洗淨。小番茄去蒂、切半。

作法

1. 將雞腿排放在烤盤上，入烤箱以180～200℃烤約25～30分鐘。
2. 中小火熱玉子燒鍋，倒入少許油（分量外），先倒一半的蛋液，等蛋液呈7～8分熟，慢慢捲起推至一邊，再加入剩下的蛋液，等數秒至蛋液呈7～8分熟，繼續捲成更有厚度的長方體，即完成日式牛奶蛋捲。
3. 貝果從中間橫剖半並塗抹花生醬，擺上厚蛋捲、雞腿排，暴走貝果完成。若擔心這餐纖維不夠，就再吃點沙拉葉和小番茄吧！

吃貨*May*說

醃製一夜的腿排烤起來最入味，製作玉子燒需要技巧，祕訣是小火慢煎，分多次加入蛋液，層次感會比較好，慢慢練習就會進步的！

金黃腿排起司生菜堡

健人版本的腿排堡，將高碳水的麵包換成清爽沙拉葉，再附上融化的夾心起司蛋，滿足你的味蕾。

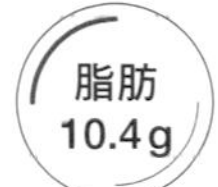

材料

無骨雞腿排…1塊（120g）
雞蛋…1顆
包心萵苣葉…4片
大番茄…1/2顆
低脂起司…1片

〔**雞腿醃料**〕
鹽巴…1大匙
胡椒粉…適量
義式香料粉…1大匙
蒜頭…2瓣

〔**調味料**〕
鹽…少許
胡椒…少許
米酒…1小匙

準備

1. 清洗雞腿排，以紙巾拭去多餘水分，用刀子在雞腿排上劃幾刀，把筋切斷，避免雞肉加熱後收縮變形。再抹上醃料均勻按摩，冷藏至少20分鐘。
2. 包心萵苣洗淨、瀝乾水分。
3. 大番茄洗淨、去蒂後切片。
4. 將蛋打入碗中，加鹽、胡椒打勻成蛋液備用。

作法

1. 煎雞腿排：準備小型平底鍋，醃漬過的雞肉稍微瀝乾水分，建議不用加油，將雞腿排帶皮那面朝下放入後開小火。不時用鍋鏟輕壓雞肉，讓肉本身的油汁流出。兩面煎至金黃色再加米酒並蓋鍋蓋，燜3～5分鐘，確定熟了即可起鍋。

   May's Tip 從冷鍋開始煎，能避免雞皮太快燒焦但裡頭的肉卻未熟透。小火慢煎能保住肉汁。建議選薄雞腿肉較易熟。

2. 清洗鍋子，製作夾心起司蛋：以中火熱鍋後倒少許油（分量外），再倒入蛋液，傾斜鍋柄，讓蛋液均勻擴散於平底鍋各處，等蛋6～7分熟時在中心放上低脂起司片，用筷子將蛋皮四邊朝中心折起，呈正方形，等待約10～15秒讓起司融化，即可起鍋備用。
3. 將煎得金黃的腿排包入包心萵苣葉，放上夾心起司蛋，擺2～3片番茄片，健人專屬漢堡完成！

吃貨*May*說

這道料理的雞肉也可以換成前一道的照燒腿排。夾心起司蛋製作簡單又美味，夾在任何三明治或漢堡中都很讚！

養生酪梨苜蓿芽雞胸三明治

養生系列的三明治，在全麥吐司夾了滿滿的苜蓿芽！留意烹調時間就能讓雞肉軟嫩不柴，且不使用市售美乃滋，以優質天然脂肪——酪梨製造出同樣濕潤的口感。

材料

雞胸肉…1片（120g）
雞蛋…1顆
全麥吐司…2片
酪梨…1/2顆
大番茄…1/2顆
苜蓿芽…1把

〔雞胸肉醃料〕
鹽…1小匙
胡椒粉…1小匙
蒜頭…2瓣
檸檬…1/4顆

準備

1. 雞胸肉洗淨切成薄片，以醃料均勻按摩後，靜置20分鐘以上（超過30分鐘需放冰箱冷藏）。
2. 酪梨去核和外皮後切片。
3. 苜蓿芽洗淨；大番茄洗淨、去蒂、切片。

作法

1. 電鍋外鍋加半碗水（150ml），雞胸肉和雞蛋分開裝碗，一起入電鍋蒸15分鐘，關上電源持續燜5分鐘。取出後雞蛋沖冷水，剝殼切成片；雞胸肉用手或叉子撕成大塊的雞絲。
2. 在2片全麥吐司中間夾入酪梨片、蛋片、大番茄、檸香雞胸、苜蓿芽，輕爽帶著走！

吃貨May說

這款雞肉煮起來非常簡單、方便，推薦給沒有廚房的外宿生，與蛋一起放入電鍋，一次蒸好所需蛋白質，可節省許多時間。

蘿蔓綠包燕麥脆雞

烤

以無糖優格醃製雞胸，有軟化肉質的作用，在外層裹上燕麥片烘烤後，有如同酥炸過的口感。也很適合拿來當嘴饞時的健康點心。

材料

雞胸肉…1片（80g）
蘿蔓葉…100g
燕麥片或玉米脆片…60g

〔**雞胸肉醃料**〕
鹽…1小匙
黑胡椒…1小匙
檸檬汁…1/4顆
橄欖油…1小匙
無糖優格…60g

〔**調味料**〕
市售泰式甜辣醬…1大匙

準備

1. 雞胸肉切成雞柳狀，以醃料均勻按摩，於冷藏醃製一夜更入味。
2. 烤箱預熱至180～200℃。

作法

1. 將醃製好的雞胸肉裹上燕麥片，入烤箱以180～200℃烤20分鐘。
2. 搭配蘿蔓葉和泰式甜辣醬，即完成。可以用蘿蔓葉包肉和醬，大口美味咬下。

May's Tip 建議烤完盡早食用，因燕麥遇水氣容易軟化。

吃貨*May*說

看到網路上的食譜後，就自己動手嘗試了這道雞胸料理，想不到味道意外的好！吃起來就像健康版的麥脆雞，可以吃原味，也能搭配自己喜愛的醬料。使用燕麥片或玉米脆片都可以，但玉米脆片的口感更酥、更好！

雞肉南瓜藜麥泥沙拉罐

我建議製作沙拉罐時，擺放順序可以由下至上為：澱粉（飯、馬鈴薯）、蛋白質（雞肉、鮭魚、水煮蛋）、纖維（蔬菜、水果），色澤看起來較豐富美觀！

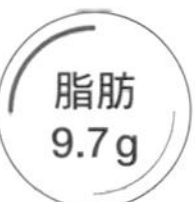

材料

雞胸肉… 1片（150g）
南瓜… 150g
藜麥…60g
沙拉葉…60g
檸檬…1/4顆
紫洋蔥…1/8顆
小番茄…6顆
蛋…1顆

〔雞胸肉醃料〕
鹽…1小匙
黑胡椒…1小匙
義式香料…1匙
檸檬…1/4顆

〔調味料〕
油醋醬…1小匙

準備

1. 雞胸肉以醃料按摩均勻，放置冷藏1小時以上。
2. 南瓜洗淨去皮、切小塊，放入碗中。再取另一小碗放入洗淨的藜麥和水（藜麥：水=1：1.1）。將2個碗放入電鍋，外鍋倒1杯水，蒸至開關跳起（約40分鐘）。
3. 紫洋蔥洗淨、去皮，泡冰水10分鐘去嗆味，再切絲。
4. 小番茄洗淨、對半切。
5. 烤箱預熱至180～200℃。

作法

1. 南瓜蒸熟過程中容易出水，倒出水分再用小叉子壓成泥，拌入煮熟的藜麥，製成南瓜藜麥泥。
2. 烤盤上放醃製好的雞胸肉，以180～200℃烤20分鐘，取出待冷卻後剝成小塊備用。
3. 準備一鍋水放入雞蛋，開火後計時約8～10分鐘煮至全熟，剝殼切4半。
4. 紫洋蔥絲加入油醋醬，擠適量檸檬汁，以小湯匙拌一拌，再與沙拉葉拌在一起。
5. 沙拉罐中依序擺入南瓜藜麥泥→雞肉和水煮蛋→小番茄和沙拉葉，完成！

吃貨*May*說

沙拉罐方便外帶食用，但由於沙拉葉不宜置放在室溫下太久。建議製作完先放冷藏，出門前再拿出來，並及早食用完畢。

速烤雞胸袋袋

高溫烘烤的雞胸肉可以快速完成，裝在小袋子中，方便帶著走，適合訓練後直接啃咬。

醣類
0g

材料

雞胸肉…1片（180g）

〔**雞胸肉醃料**〕

鹽…1小匙

胡椒…1小匙

義式香料…適量

準備

1. 雞胸洗淨後剖面切半，以醃料醃製5～8分鐘。

   May's Tip 醃製前可以先在雞肉表面用刀子直切三刀，但不完全劃開，加速入味。

2. 烤箱預熱200～220℃。

作法

1. 將雞胸肉放入烤箱，以200～220℃的高溫快速烘烤，一面烤8～10分鐘後，再翻面烤5～8分鐘。

   May's Tip 放入烤箱前，可先用筷子在雞肉表面戳洞，肉較易熟也能提升口感。

2. 裝入保鮮袋，即可帶出門，隨時補充蛋白質。

吃貨*May*說

高溫烘烤雞肉的要訣是中途需翻面，再繼續烤，否則容易烤焦。雞肉可依個人喜好，搭配不同調味的醃料。

COLUMN 6

運動前後我都這樣吃！

很多人可能因為生活忙碌，下課、下班就直接空腹去運動，也有些人擔心運動後馬上進食，會容易發胖。然而這兩個時間點，都必須補充適當能量，才能讓運動效果事半功倍，接下來我就以我的習慣做分享。

為了運動中能抱持體力，運動前半個小時，建議補充碳水、蛋白質或脂質，三者皆可作為運動時的能量來源，如1根香蕉、1顆蘋果、3顆蛋、1個鮪魚飯糰、1碗優格燕麥，都是不錯的選擇，不太建議空腹或吃太飽，可能影響訓練表現。

運動後我的飲食原則是先補充蛋白質＋醣類。建議在運動後的半小時至一小時內攝取。蛋白質有助於肌肉蛋白合成，修補因運動受到破壞的肌肉組織，也可提升基礎代謝率，加速脂肪消耗。**訓練後的蛋白質補充，建議搭配醣類一起攝入，因為醣類可以維持血液中的血糖，及肌肉所消耗的肝醣，且有利身體胰島素分泌，促進糖原和肌肉合成。**極佳的搭配組合如便利商店的無糖豆漿＋地瓜、香蕉＋茶葉蛋，快速又方便。

我個人的話，每天早上都會水煮2～3顆蛋、蒸地瓜（地瓜蒸熟後再放冷藏或冷凍，能產生抗性澱粉，熱量為熱騰騰時的80%！）、方便攜帶的水果，如蘋果、香蕉、芭樂，及1～2匙高蛋白粉，帶去健身房在訓練後食用。高蛋白粉單位蛋白含量高，熱量低且容易吸收，加水沖泡即可快速補充蛋白質。

■運動前、後飲食建議表

營養甜點

想吃甜點時，來碗低卡、低糖、高蛋白的奶昔碗吧！除了有健康水果、我最愛的蛋白粉，還加入堅果、奇亞籽、燕麥等營養食材，有助達成體態目標。早餐吃一碗，或下午時解解嘴饞都很合適。用果汁機簡單打勻就能享用，加點切片水果作擺盤裝飾，讓視覺上也是一種享受。

奇亞籽布丁芒果椰子碗

利用奇亞籽遇水膨脹的特性，製作濃稠美味的奇亞籽布丁，加上高蛋白芒果基底和新鮮芒果與椰子片，繽紛的早餐燕麥碗上桌！

熱量 677.1卡

蛋白質 37.5g

醣類 50.3g

脂肪 39.6g

材料

芒果⋯1/2顆
椰子高蛋白粉⋯25g
奇亞籽⋯1小匙
椰奶⋯80cc
無糖優格⋯30g
水⋯100cc
椰子片⋯10g（裝飾用）
燕麥片⋯20g（裝飾用）
綜合堅果⋯少許（裝飾用）
薄荷葉⋯少許（裝飾用）

準備

奇亞籽1匙泡在椰奶中，用小湯匙拌勻後，冷藏一夜，做成奇亞籽布丁。

作法

❶ 製作芒果基底：芒果切丁，留一些當裝飾，其餘和優格、蛋白粉、水以果汁機打勻。

❷ 將芒果基底倒入碗中，冷藏的奇亞籽布丁從碗的另一邊倒入，擺上新鮮芒果丁、堅果、燕麥片、椰子片和薄荷葉作裝飾，完成。

May's Tip 椰子片是我在泰國旅行時購入，可到進口超市找找，沒有也可省略。

健人*May*說

奇亞籽是歐美很風行的減肥聖品，至於效果如何可能還是因人而異。我本身很喜歡奇亞籽布丁的濃稠口感，泡在牛奶、椰奶或優格裡都很適合，加點新鮮水果，就是無負擔的健康點心！

巧克力香蕉
高蛋白奶昔碗

香蕉與巧克力蛋白粉是最佳的組合，跟牛奶一起入果汁機打，是熱量充足的增肌配方！

醣類
52.0g

脂肪
15.31g

材料

香蕉…1根
巧克力高蛋白粉…25g
牛奶…150～200cc
奇亞籽…1小匙
燕麥片…少許（裝飾用）
綜合堅果…少許（裝飾用）
椰子片…少許（裝飾用）

作法

1. 製作巧克力香蕉基底：2/3根香蕉、牛奶、蛋白粉和奇亞籽，以果汁機打勻。
2. 剩下1/3根香蕉切片，作擺盤裝飾，可以再撒點燕麥片、綜合堅果和椰子片。

吃貨*May*說

如果覺得加牛奶太甜，可以用水與冰塊代替，也能減低熱量。

綠巨人高蛋白奶昔碗

健康的綠色奶昔加入優質脂肪——酪梨和菠菜葉，與水果一起打，添加酸甜好滋味！

材料

酪梨…1/2顆
鳳梨（已去皮）…2圓片
柳橙…1/2顆
香草高蛋白粉…25g
菠菜…1小把
水…150cc
冰塊…5塊
燕麥片…少許（裝飾用）
椰子片…少許（裝飾用）

作法

1. 酪梨去核和外皮，並切成塊；鳳梨片切成塊。
2. 酪梨、鳳梨擠入柳橙汁，加小把菠菜、蛋白粉，倒入水和冰塊後，打勻完成基底。
3. 撒上燕麥片與椰子片，擺上切片酪梨、鳳梨、柳橙等新鮮水果作裝飾（分量外），完成。

吃貨*May*說

這碗奶昔富含蛋白質和優質脂肪，適合在早晨當代餐飲用，開啟一日活力！

繽紛莓果高蛋白奶昔碗

酸酸甜甜的莓果基底，撒上燕麥片、奇亞籽，擺上新鮮藍莓，令人心情愉悅的奶昔碗完成！

蛋白質 35.4g　醣類 34.5g　脂肪 12.4g

材料

冷凍莓果…100g
無糖優格…60g
高蛋白粉…25g（建議香草、草莓或椰子口味）
水…100cc
奇亞籽…1小匙
藍莓…少許（裝飾用）
南瓜籽…少許（裝飾用）
椰子片…少許（裝飾用）
燕麥片…少許（裝飾用）

準備

1. 將1匙奇亞籽加入60g的無糖優格中冷藏一夜，做成優格版奇亞籽布丁。

作法

1. 無糖優格加上莓果、蛋白粉和水，用果汁機打勻，即完成。
2. 加上奇亞籽布丁，以及一些新鮮草莓或藍莓、燕麥片、南瓜籽和椰子片作裝飾。

健人*May*說

這是我最喜歡的低熱量奶昔配方，冷凍莓果是在costco買的，運動後直接加水和蛋白粉打成一杯，再加上歐嬤的高蛋白元氣燕麥片，非常沁涼好喝，也能迅速補充蛋白質。

COLUMN 7

保留飲食上的彈性空間，讓身心平衡！

由於多數人運動都不是以備賽為目標，而是追求一個健康的生活方式。所以在自己能力所及下，維持規律運動，動手為自己準備健身餐外，別忘了，你仍然可以享受與家人、朋友的聚餐時光，毋需因為吃下一口覺得不該吃的食物而自責不已。

該放鬆的時候就好好放鬆，科學證實，一週1～2次的cheat meal（獎勵餐），有助刺激身體的代謝系統，在心情上也會比較愉快。否則長期壓抑食慾，割捨自己心愛的食物，反而可能帶來更嚴重的暴飲暴食。

吃貨如我，在Mayfitbowl之外，我非常喜歡找台北的美食餐廳，和家人、朋友享受聚餐時光。有些是健康、少負擔的蔬食餐廳，有些則是吃開心的高熱量食物，如拉麵、披薩。有時一週可能會有3～5次的外食，吃了也許會有些罪惡感，但也讓我更有繼續運動下去的動力！

很多人認為，健身的人就必須吃難吃的水煮餐，飲食必須走向極端健康，才能維持健美身材。如此的刻板印象，想必會令許多新手退卻。

我認為，這樣的想法應該被翻轉，我提倡的fitness life style（健身的生活方式），是在注重身心平衡中強健身體，它並不難實行，只需一顆愛自己身體的心，在能力所及下，為自己備餐，**飲食規劃中，70%～80%選擇原型、非加工食物，剩下的20%～30%，彈性選擇，這樣的飲食原則，才是能維持一生的長久之道。**

▲ 開心外食

COLUMN 8

我的擺盤與拍照技巧大公開

很多人一開始認識我，都是先被IG上一碗碗的Mayfitbowl所吸引，藉而開始追蹤我。每當po出自己創作的料理時，讚數好像都會特別多，也有許多粉絲會私訊我，如何把料理排得更繽紛好看？怎麼拍出餐點的誘人和美味？現在，我就來公開我的擺盤、拍攝、修圖技巧。

在製作一碗Mayfitbowl前，我通常會先在腦海中構圖擺盤，我特別強調的技巧是「色彩」！先依照現有食材，選擇主食與配菜後，再試想一張草圖，模擬主菜與配菜的擺放位置。選擇食材時如果有紅的、綠的、黃的、紫的、白的……，色彩繽紛，就是一碗令人看了食指大動的健康碗！**初學者可以先試著用三個顏色做變化**，再增加層次感，慢慢提升擺盤技巧。**有了視覺的搭配，就算吃的東西很簡單，也是一種享受**。除了讓用餐時心情愉悅，也對於自己用心創作出的料理更加滿足、有成就感！

擺盤擺得好看，也要拍起來美美的，才可以和大家分享眼前的美食，所以拍攝技巧也非常重要！你可以回去翻翻我最早期經營IG的照片，會發現如今廣受大家喜愛的#mayfitbowl美食照，是一步步調整、精進而來的。和大家分享幾個拍攝和後製小撇步，喜愛分享美食照的你可以參考看看：

1. 一定要有自然光線！

我平時拍攝的地方是採光佳的書桌，有陽光但不會太刺眼的晴天最適合拍攝。陰天也不錯，透過後製調光就能改善亮度。現在拍攝的房間是我在家試驗後，覺得最適合的角落，雖然不是用餐的地方，但有明亮自然光能讓照片看起來很漂亮。

2. 變化拍攝角度和方式

料理製作完成、有絕佳光線後，可以依照食物本身，選擇不同的拍攝方法。

（1）鏡頭拉近，強調重點

如果有特別想呈現的主菜，或水波蛋正流出蛋黃等珍貴畫面，不妨將鏡頭拉近，更能凸顯重點，增加食物的誘人程度！

（2）鏡頭拉遠，背景增加多樣性

如果沒有特別想特寫的主菜，可以將鏡頭拉遠，利用多變化的背景增添視覺豐富度，如大理石背板、手部動作、使用有特色的器皿等。再利用修圖軟體的「裁切」調整至喜好的畫面範圍，就算是平凡的料理，也能變得很有質感。

（3）俯拍，白背搭配方正畫面

俯拍角度和方正的白色背景是我最常使用的方式，也是經典Mayfitbowl的呈現，拍攝時不宜有些微傾斜，或是在後製時調正，且裁切時一定要裁成正方形，完整呈現料理本身的豐富。

3. 套用濾鏡，切記不宜失真

我最常使用的app是「foodie」，最常套用的濾鏡是「美味」，套用強度大概只有30%左右，我認為如果效果開太強，會讓照片失真，失去食物本身的味道。所以最厲害的美食照應是：料裡看起來可口動人，卻不會給人過多濾鏡的虛假感。至於裁切照片，我使用「美圖秀秀」的裁切來調整照片大小。

4. 強化細節、對比，增加色彩飽和度。

最後，我會使用IG的內建功能，提升「亮度」、增強「對比」及色彩的「飽和度」，就能讓原本不起眼的照片變得閃閃動人！

▲ IG上廣受喜愛的經典Mayfitbowl

▲ 擅用後製裁切，留下重點部分

▲ 鏡頭拉近，特寫精彩畫面

Q&A 健身路上大哉問！最多人問我的健身與飲食問題

飲食篇

Q 經常外食的話，怎麼選擇可以吃得比較健康？

A 從大學開始，我幾乎天天為自己準備健康早餐和午餐，但還是有太忙碌沒時間做菜或需要外食的時候，這時**我最常吃的是subway潛艇堡（照燒雞＋雙倍肉料、少醬）、雞腿飯、素食自助餐（自備一塊烤雞胸）和滷味（豆干、雞腿、蛋白），最簡單的就是便利商店的茶葉蛋、無糖或低糖豆漿**。

比較忌諱的是吃那種高油、高鹽、少纖維的一坨澱粉（如乾麵、滷肉飯、精緻麵包等），加工食品如水餃也比較少吃。

假日我會外出與朋友聚餐，餐廳的選擇上我喜歡西式輕食，吃起來較清爽、無負擔，或日式丼飯類如牛丼、親子丼、鯖魚飯、生魚片丼飯等，也都有足夠的蛋白質。練腿日我喜歡吃微罪惡的美式漢堡、墨西哥捲餅等犒賞自己。火鍋類餐廳也是不錯的選擇，但吃的時候要避免加工食品如丸子、餃類，多吃大量蔬菜、肉類和海鮮，就能營養滿點！

一直以來我都很努力在外食跟自煮間取得平衡，外食時也仍會意識到要多吃蛋白質和纖維，碳水的話就不一定，如果當天有練腿，我就會盡情地吃碳水補能量！

Q 運動習慣因忙碌等因素中斷，要怎樣用吃的避免復胖呢？

A 人都有忙碌的時候。飲食上我會避免高熱量點心和油炸加工食品，一天中的一餐可以吃少一點，作為部分代餐，如蘋果＋2顆蛋、一杯高蛋白奶昔、地瓜＋豆漿、烤雞胸沙拉等。**在運動量下降的情況下，減少熱量攝取，才能避免增長脂肪，但需注意仍要維持一定蛋白質的攝取量**，否則可能會讓辛苦練成的肌肉流失，變回泡芙身材。

沒時間上健身房的話，平常在外可多走樓梯、多走路，睡前做點徒手運動等，還是可以維持住身材。

飲食篇

Q「間歇性斷食法」對減肥真的有效嗎？該怎麼做？

A 在此必須申明，**間歇斷食（Intermittent Fasting）並不是一種節食的硬性規則，而是「調整進食時間」的飲食方式**。

當初會想嘗試是因為健身Youtuber Peeta哥哥的精闢介紹，和看到日本營養學家對「不吃早餐」的好處說明，因此在2018年4、5月時開始實施為期兩個月的斷食，主要採用**16/8斷食法，也就是一日熱量攝取集中在8小時內，其餘16小時只能攝取零熱量的東西如水、鹽、黑咖啡、茶，一週選擇3～4天實施。晚上8點以前結束晚餐，中午12點開始進食**，是常見作法。

一開始真的非常不習慣，因為我一直以來是「早餐吃得像國王一樣」（breakfast like a king）的擁護者，早上空腹去上課真的很要命，9點、10點還好，到了11點就會進入一個殭屍狀態！這時候只能用意志力支撐，做其他事分散注意，不知不覺才到了可以進食的時間。很神奇的是，有時撐過去，反而不餓了。

我開始實施數週後，腰圍很明顯小了一圈，體重也有小幅度下降。**間歇斷食的原理是人體會在空腹14小時後開始燃燒熱量，所以有些實踐者攝取一樣的熱量，只是改變進食時間，也能達到減重的效果**。但以我個人例子而言，因為在斷食期間也有控制熱量攝取，因此減重效果是來自熱量限制還是間歇斷食，無從而知，並非很好的參考範例。

對我而言，間歇斷食最大的好處就是吃得爽又不怕胖，這是什麼意思呢？由於上午沒攝取熱量，多餘的熱量分配給下午、晚上，一餐就算吃到800～1000大卡，仍在熱量攝取範圍內！但「熱量吃不足」也是很常有的事，因此許多人能夠達到減重效果。不過對於目標明確想增肌的人，就要在未斷食時間吃足熱量才行。

因為認真實踐過間歇性斷食，某種程度上翻轉了我的一些觀念。我不再認為早餐必須吃得豐盛才能開啟一天的活力，有時反而吃得精、吃得少，才能保持專注力。

現在的我，已不再刻意限制自己的進食時間，而是在不同飲食法之間達到平衡。如果之後特別想減脂或訓練自己承受飢餓的控制力，再來實施吧！

Q 建議剛開始健身的人喝蛋白粉嗎？又該如何選擇蛋白粉呢？

A 蛋白粉的單位蛋白含量高，熱量低，又很方便補充，可以拿來補充一日的蛋白質量。**無論你是健身新手、健身一陣子看不到體態成長的人都可以喝。**我本身有喝蛋白粉的習慣，一天一匙，內含20g蛋白質、肌酸等幫助肌肉修補的成分，熱量僅100大卡，常常在早晨時打成奶昔喝，或訓練後加水搖一搖飲用，讓我的一日所需蛋白質輕易達標，不用擔心訓練後補充不夠。

然而，蛋白粉並非必須品！如果本身飲食控制做得好，天天為自己準備健身餐，很容易攝取到足夠蛋白質，也就不用喝蛋白粉。在訓練金字塔中，補充品的重要性只佔10%，甚至更少，規律訓練、自然飲食、正常作息才是王道。

市面上販售的蛋白粉大同小異，**我個人對口味比較追求，無法接受味道太噁的蛋白粉，所以選擇的是英國品牌Myoband的蛋白粉**，這是我喝過的品牌中最好喝、沒怪味的，他們為女性推出的diet plus是我長期在喝的系列，低卡、低糖、高蛋白質，很適合有體態目標需求的你。

Q 增肌或減脂期間，可以吃甜食嗎？

A 我像很多女孩一樣，是個超級甜食控，在還沒開始健身前，我幾乎每天都要來一塊蛋糕，然而，糖無疑是減脂最大的敵人，巧克力、餅乾等甜食，只要一點點，就含有很高的熱量！**想減脂，就要戒掉吃甜食的習慣，現在的我，一週只吃1～2次甜點犒賞自己，其他時候盡量以水果、堅果代替。**

沒有特別需要減脂的時候，我會讓自己吃一些喜歡的罪惡食物，但仍會意識著攝取量，吃幾口滿足了就收口。

精緻甜食、糕點真的很誘人！但探究其成分，對人體是有害無益的，不管是增肌、減脂期都建議少吃，或改吃較健康無負擔的點心，如燕麥餅乾、堅果穀物棒、黑巧克力等，是更好的選擇。

健身篇

Q 我是健身新手，有什麼事情是需特別注意的？

A 先跟大家分享我的個人經驗：我最一開始是在運動中心健身，一次50元那種，那時沒有人帶，單純自己亂練，跑跑步、做腹部器材等，一個月大概去2次，體態沒什麼明顯的變化。後來因準備大學入學考試，運動停滯一段時間，大二時才正式加入健身房會員。在專員的強力推銷下，買了約20多堂的教練課，在教練的帶領下，學會一些訓練動作，找到肌肉發力點，才開始自主訓練。上課的空堂時就去健身，逐漸養成一週3～4次甚至更多的健身習慣。自己練了1～2年，體態變得比較精實後，我想學習更多技巧，才又跟非常厲害的英國教練matt訓練一週一次，突破自己的體能極限，體態也跟著進步許多。

很多新手會疑問，上教練課是必須的嗎？我自己覺得，上課後真的差蠻多的，**有專業的人帶領，可以減少新手的摸索期，且學習正確觀念和姿勢非常重要，若因為錯誤的動作讓身體受傷就不好了。**

然而，如果你的預算有限，對健身訓練又有強大熱忱的話，我認為買個大概10堂教練課，把握機會多發問、汲取教練的知識，課後自己溫習練感受度等，也可以學到很多。或找身邊專業的朋友一起練也是很不錯的方式。

因此，我認為**在健身過程中，自主學習力很重要，網路上資訊非常豐富，多利用資源如看Youtube影片、健身者經驗分享等，都很有幫助。**我本身也遇過一些朋友沒上教練課，自己很喜歡練，常常觀察其他健身者、請教別人、看影片學習，也能練就不錯的體態。

在飲食上面，可以從戒除1～2個不好的生活習慣做起，例如：少喝手搖茶、少吃油炸加工物，開始養成健康、規律運動的fitness Lifestyle。除了保持一週3～4次的運動習慣，也要開始意識每一口吃進去的東西是否符合身體所需營養，減少不健康的外食機會、多為自己備餐、多走路多動，健人的生活方式也就此養成。它並不是短期的減肥成果，而是能陪伴一生的生活態度。

Q 健身或減肥都會很擔心胸部脂肪會消失，該如何避免這個情況呢？

A 我必須很殘酷地說，體脂下降，胸部就會變小，這是不變的鐵律！因為胸部主要由脂肪構成，全身脂肪少了，胸部也會跟著縮水。至於先瘦哪裡與瘦的程度則取決於基因，有些人一瘦就瘦胸，有些人瘦了但胸沒掉太多。

我自己的話也有這個困擾，開始健身後，從體脂30 %降到20%上下，至少小了一個罩杯。然而，可藉由鍛鍊上胸（一週1～2次），讓胸在視覺上看起來更渾圓飽滿，營造出變大的效果！（但其實沒有……，我仍是小奶一族）

那要怎麼盡可能避免胸部變小呢？**我的建議是：不要瘦太快！飲食上至少要吃超過基礎代謝率，多攝取優質脂肪、蛋白質，配合像胸推器材（啞鈴臥推、飛鳥）、跪姿伏地挺身等運動，有助維持胸部大小與形狀。**

Q 如何為自己安排一週的訓練菜單？

A 我安排一週的訓練菜單時，大致**分上下半身輪流訓練。一週練2天臀腿（深蹲＆硬舉分開），2天上半身（背一日、胸肩合併一日）、1～2次有氧或間歇運動（跑步/快走/衝刺/彈力帶/飛輪），再讓身體休息1～2天不運動。**

腿是重點肌群，我每次會練1～1.5小時，動作就是各種蹲（深蹲、跨步蹲）、臀推、硬舉等。尤其深蹲、硬舉一週至少各練1～2次，否則熟練度一旦流失，很難繼續突破重量。深蹲、硬舉也堪稱動作之王，是打造全身肌肉的最佳動作，深蹲主要練大腿前側（股四頭肌），硬舉則是練大腿後側（股二頭肌），兩者缺一不可。初學者一定要有專業人士指導，勿自己模仿，容易受傷。

背的話每次也練1個小時以上，內容如滑輪下拉、引體向上、坐姿划船等。

健身篇

胸和肩每週各半小時，約3～5個訓練動作，通常合併一起練（胸推、夾胸、肩推、側平舉等）。由於二三頭肌在練上半身時多少也會練到，我不太刻意獨立出來練。我的上半身偏弱，但不代表不重要！未健身前我有嚴重駝背的問題，開始練上半身後整個人變得直挺許多，看起來更有精神。此外，練胸後原本因只做有氧、節食而消瘦的上半身，也變得較好看，想要有漂亮胸型的女孩們，不可不練胸喔！

至於，腹肌訓練只佔我訓練的一小部分，原因在於大部份的「多關節運動」（compound movement），如深蹲、硬舉、肩推、引體向上，都涉及核心的參與。只要核心有練出來，體脂一降，腹肌馬上清楚顯現。當然，如果想要有更漂亮的腹肌線條，可以安排獨立訓練，像我個人喜歡在睡前或訓練後10分鐘，在瑜珈墊上做簡單腹肌運動，加強核心基礎，有助動作穩定性。但要注意，不要讓它佔了你訓練的絕大部份！這是很多健身新手犯的錯，一味地練腹部，而忽略其他肌群的鍛鍊，只會把核心越練越粗，全身比例不協調，不會好看。

所以，**我的一週菜單大概是以下模式：1腿2背3休息4腿＋腹5胸＋肩6有氧或間歇。如果你一週只有3天可以訓練，我會建議分成1上半身2下半身3間歇，各一天；或是1腿＋背2腿＋胸肩3有氧。**至於，有氧比例要做多少？這要看個人狀況，如果你常常控制不了自己的食慾，就要多做有氧，消耗多餘熱量，此外，如果你是從體脂較高（30%以上）開始訓練，除了做好飲食控制，也建議在重訓之外，增加有氧比例，加速燃脂。

以上是一個參考的方向，我自己實際在訓練時其實也頗隨意，例如腿還在痠就練上半身，狀況不佳就做有氧、低強度訓練，想加強臀部則增加練臀腿的時間等。比較忙碌、一週只能練1～2天或只有1小時在健身房的情況，我會選擇多關節運動，最大化利用訓練的時間。

依循你的階段目標，安排訓練菜單，可以數週或數月換一次訓練模式，給予肌肉不一樣的刺激，身體太疲累的時候，也要記得充分休息！

Q 我想訓練、健身，但又不想變太壯，該如何避免？

A 這也是我健身初期的疑問，但健身三年的我必須說，問這個問題的女孩真的是多慮了！**肌肉沒有那麼好長，通常你覺得壯、不好看，是因為你身上的脂肪還很多，而不是肌肉太多！**以我的體能表現為例，我可以做到徒手引體向上、最高紀錄80kg的深蹲和硬舉，但在外觀上，我就是一個體態勻稱的女生，而不是可怕的金剛芭比。

在訓練過程中，有很多徬徨與不安是正常的，我也曾經感受過，因為你的體態正在一點一滴改變，但卻不太確定是否在正確的路上。除了建議找專業健身教練諮詢，在心態上，如果你真的不喜歡現階段的自己，可以改變訓練菜單，做點低重量訓練或有氧類的運動，或讓自己休息數天甚至數週，休息夠了想開始時，再繼續。

Q 開始運動後，為什麼體重不降反增？

A 通常問這個問題的人，都是以減脂為主要目的。你可以檢討的方向有二。首先是**飲食控制沒做好**。在觀念篇部分有提到，減脂法則是一日消耗熱量>一日攝取熱量，體重增加就代表你吃進去的大於消耗，其中的問題點可能在於：你低估你攝取的熱量。你以為一杯手搖茶熱量不高，但其實有3、400大卡啊！

除了飲食外，其次就是**運動量不夠**。有氧比例做得太少，消耗量不夠，例如你跑步30分鐘，消耗300大卡，結束後卻去吃大餐1000大卡，照樣會胖。或是你高估了你的消耗量，在健身房運動消耗的熱量，比你預期的少。

很多人開始減肥後，會以為多動就可以多吃，但事實上，就算你每天高強度運動一小時，約消耗500大卡，運動後來一杯珍奶或晚餐爆吃，幾乎就與辛苦運動的消耗量乎持平。所以減肥初期，控制飲食對瘦身是更有效的。當體重下降，基礎代謝變慢，要想繼續減重或維持，會變得更困難，這時就凸顯肌肉鍛鍊的重要性，肌肉量增加，就算躺著不動，肌肉也會自動幫你燃燒熱量。

健身篇

以上是可參考的檢討方向。但如果你本身已是偏瘦的體態，很認真在訓練，很認真在補充營養，**在健身初期，的確會發生看起來變油、變壯的情形，（儘管你的飲控做得不錯）。原因是肌肉量上升，但外層的脂肪還沒消，這是不可避免的脂包肌時期。我會建議你這時不要氣餒！繼續堅持下去，做好飲控、意識卡路里的攝取，並搭配高強度間歇類運動，或一週2次以上的有氧，線條會比較明顯。**你的辛苦付出是不會白費的！

Q 常常覺得運動很累、很辛苦，你都是怎麼堅持下去的？

A 我也常常會有覺得疲累的時候，尤其當自己體態陷入停滯時，更沒有動力想繼續下去，有時我會讓自己休息、調整心態再好好出發。但更多的情況是，我在與自己進入無限對話後，還是會決定去健身，去流汗一波！過程很辛苦，但訓練後總是感覺到「還好有來練！」「流汗運動的感覺真棒！」

好的成果總是建築在痛苦、不愉快之上，當你撐過去之後，會很感謝當初堅持下去的自己。

更好的自己就是這樣不斷地挫折、疲累、執行、檢討、調整後，慢慢達到的，一開始難免會很希冀看到明顯的成果，遇到挫折也會很想放棄。但當你長期訓練下去，將會發現，**健身不只是在用體力，而是無數心志磨礪所積累出來的。**也開始會在不同階段中，有不同的追求，並在期望與執行間達到一個新的平衡。這樣的過程，可能交織著挫折、滿足、不安與成就感。請享受在過程裡，保持熱忱與毅力，不知不覺，你將蛻變成身心靈都有所成長的，獨一無二的你！

4大族群如何吃出好身材？

本書食譜真實呈現身為健身狂人的飲食內容，但由於一般人的運動量可能不及我，且每個人的階段目標也有所差異。為了讓讀者更清楚如何使用本書，我將在IG上常詢問我的粉絲分成4種類型，並提供不同的飲食搭配建議。希望能藉此讓大家了解到，並非每個人吃的分量都相同，而是要依生活型態和現階段目標調整。

A類型

生活型態：一週運動1～2次，以團體課程、低強度有氧為主，體脂超過30%，基礎代謝較慢、有肥胖困擾。
階段目標：減重。
建議飲食方式：肉類選擇雞胸、海鮮，少吃高脂蛋白質（紅肉），一碗蛋白質量抓20～30g。避免精緻碳水化合物， 此類的人運動量少又想減脂，必須持續維持低熱量才能成功減重。

B類型

生活型態：體脂25%上下，生活較忙碌但有運動習慣，一週2～3次以有氧、高強度間歇、重訓為主。
階段目標：讓體態精實（增肌減脂）。
建議飲食方式：此類的人沒有特別想減重，但想讓身材更好看，所以建議在有重訓的當日攝取高碳水、高熱量健身碗，非重訓日以低卡、低碳飲食為原則。一碗蛋白質量約抓30～50g，每天熱量盡量控制在TDEE上下，但一週1～2次爆卡也ok（建議在訓練日）。

C類型

生活型態：健身成癮者，一週運動5～6次，內容以重訓為主，體脂20%上下。
階段目標：達高肌肉量、健美曲線。
建議飲食方式：此類的人通常會將數週~數個月區分為增肌減脂期，增肌時吃高熱量、高蛋白質，外食爆卡也ok；減脂時減少碳水、維持高蛋白質並控制熱量，必要時增加有氧比例增熱量添消耗。

D類型

生活型態：偏瘦女孩但肌力不足，一週運動3～4次，建議將運動由有氧改為重訓為主。
階段目標：增肌增重，達曲線身材。
建議飲食方式：此類的人肌肉量低，脂肪少，可能天生就不易胖，若明確想增重，可以在健身初期盡情地吃，吃大於TDEE300～500大卡也沒關係。飲食上多吃蛋白質。想減脂的時候才需算熱量、好好控制飲食。

我的一週飲食計畫與訓練菜單示範

在這份飲食計畫中，我如實記錄了我的一週餐點，也因此較適合P156 C類型者參考。若你才剛進入減脂期或運動量較少，可參考PART1觀念篇規劃熱量和3大營養素比例，挑選本書適合的料理安排三餐。

	MON.	TUE.
早餐	・繽紛莓果高蛋白奶昔碗P144 ・水煮蛋2顆	・火腿起司酪梨歐姆蛋P122 ・優格燕麥
中餐	檸香鮭魚排藜麥油醋沙拉P86	地瓜泥雞肉咖哩P56
點心	蘋果1/2顆	穀物能量棒1條
晚餐	青醬義式香料雞胸筆管麵P44	照燒鮭魚排飯P90
訓練內容	【胸肩日】 槓鈴胸推：10～15下×4組 蝴蝶機夾胸：10～15下×3組 俯身臂屈伸：10～15下×3組 ・胸的超級組（以下兩動作不休息，做3個循環，組間休息1～2分鐘） 1 啞鈴胸推：10～15下 2 伏地挺身：10～15下 ・肩的超級組（以下兩動作中間不休息，做3個循環，組間休息1～2分鐘） 1 啞鈴肩推：10～15下 2 啞鈴側平舉：10～15下	【臀腿日】 深蹲：8～12下×5組 臀推：10～15下×3組 保加利亞分腿蹲： 10～15下×3組 腿推：10～15下×3組 大腿外開：15～20下×3組 深蹲跳：20～30下×3組

WED.	THU.	FRI.
・水波蛋酪梨醬吐司P117 ・牛奶	・台式鮪魚蛋捲P123 ・豆漿	燻鮭魚酪梨炒蛋吐司P117 
・烤雞胸肉 ・地瓜	潛艇堡（照燒雞＋雙倍肉料、少醬）	蒜味雞胸佐涼拌蔬菜絲P68 
美式咖啡	・拿鐵 ・堅果1把	・香蕉1根 ・豆漿  
鯛魚香菇糙米粥P96  	電鍋ok！馬鈴薯雞腿P60 	牛小排四季豆馬鈴薯沙拉P108 
【休息日】 阻力快走：30分鐘 肌力核心訓練×10分鐘 以下為1組，做3個循環 →登山式：1分鐘 跪姿伏地挺身：30秒 平板支撐：1分鐘 空中腳踏車：30秒 波比跳：15個	**【背日】** 槓鈴屈體划船： 10～15下×3組 滑輪下拉：10～15下×3組 引體向上：10下×3組 機械划船：10～15下×3組 坐姿飛鳥：10～15下×3組 啞鈴划船：10～15下×3組 二頭彎舉：10～15下×3組	**【腿＋腹日】** 硬舉：8～12下×5組 史密斯機分腿蹲： 10～15下×3組 臀推：10～15下×3組 股二頭彎：10～15下×3組 低重量深蹲：20下×3組 核心訓練（以下四個動作為一循環，做2～3個循環） 1 跪姿伏地挺身10～15下 2 側平板支撐轉體10～15下 3 捲腹15～20下 4 抬腿屈伸10～15

	SAT.	SUN.
早餐	・酪梨蔬食烘蛋P123 ・優格燕麥	巧克力香蕉高蛋白奶昔碗P142
中餐	雞胸酪梨草莓藜麥沙拉P38	鹽味鯖魚佐毛豆炒蛋P98
點心	綠巨人高蛋白奶昔碗P143	
晚餐	外食：pizza	外食：火鍋
訓練內容	**【高強度間歇彈力帶練臀】** 衝刺跑＆快走循環： 10分鐘（暖身） 彈力帶深蹲：20下 彈力帶深蹲跳：20下×3組 深蹲側跨步：左右各10下 蛤蠣式：左右各20下 驢子踢腿：左右各15下 臀推：20下	**【完全休息日】**

May小提醒：熱量和碳水消耗量最大的「練腿日」，我會吃較多讓身體有足夠的能量完成訓練。訓練後多補充熱量，肌肉才會有效合成。因此，我也很喜歡在聚餐當天安排練腿，就可以盡情享受美食，吃到爆卡也不會感到自責。而這份訓練菜單是我健身1～2年才逐漸發展的訓練模式，剛接觸健身的新手，肌群耐力會較弱，可以先著重全身性訓練，如高強度間歇、腿＋背、腿＋胸肩的訓練模式，會較容易上手。若你體脂偏高，建議提高有氧比例，重訓：有氧＝1：1較佳(一週2～3次有氧、2次重訓)，先加強基礎體能和心肺，再慢慢增加重訓強度。養成規律運動習慣，搭配良好的飲食計畫，身材一定會越來越進步！

台灣廣廈 國際出版集團
Taiwan Mansion International Group

國家圖書館出版品預行編目（CIP）資料

一碗搞定！增肌減脂健身餐：人氣健身女孩May的50道高蛋白、高纖料理，餐餐簡單、美味、吃得飽還能瘦 / May（劉雨涵）著. -- 初版. -- 新北市：瑞麗美人, 2018.11
面；　公分. --
ISBN 978-986-96486-1-5 (平裝)
1.食譜 2.瘦身美體 3.減重

427.1　　107013706

瑞麗美人

一碗搞定！增肌減脂健身餐
人氣健身女孩May的50道高蛋白、高纖料理，餐餐簡單、美味、吃得飽還能瘦

作　　者／May（劉雨涵）
攝　　影／子宇影像工作室・丁哥（Jackie）
造型協力／賴韻年

編輯中心編輯長／張秀環・**編輯**／劉俊甫・金佩瑾
封面設計／曾詩涵・**內頁設計**／何偉凱
內頁排版／菩薩蠻數位文化有限公司
製版・印刷・裝訂／東豪・弼聖・秉成

行企研發中心總監／陳冠蒨

媒體公關組／陳柔彣
綜合業務組／何欣穎

發 行 人／江媛珍
法律顧問／第一國際法律事務所 余淑杏律師・北辰著作權事務所 蕭雄淋律師
出　　版／台灣廣廈有聲圖書有限公司
地址：新北市235中和區中山路二段359巷7號2樓
電話：（886）2-2225-5777・2226-1888／傳真：（886）2-2225-8052

代理印務・全球總經銷／知遠文化事業有限公司
地址：新北市222深坑區北深路三段155巷25號5樓
電話：（886）2-2664-8800・傳真：（886）2-2664-8801
郵政劃撥／劃撥帳號：18836722
劃撥戶名：知遠文化事業有限公司（※單次購書金額未達1000元，請另付70元郵資。）

■出版日期：2018年11月
ISBN：978-986-96486-1-5

■初版16刷：2024年1月